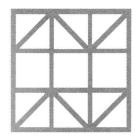

Architects & Engineers Co., Ltd. of Southeast University

东南大学建筑设计研究院有限公司

50
周年庆作品选

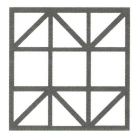

遗产·文化
2005—2015

Architects & Engineers Co., Ltd. of Southeast University

东南大学建筑设计研究院有限公司

始于点

划

止于

至善

东南大学建筑设计研究院有限公司 50 周年庆作品选　遗产·文化 编委会

编 委 会	葛爱荣
	高　嵩
	高　崧
	周广如
	施明征
	韩冬青
	沈国尧
	朱光亚
	胡　石
执行主编	俞海洋
	陈建刚
编辑人员	顾　效
	杨红波
	章泉丰
	高　琛
	许若菲
	邓　峰
	宋剑青
建筑摄影	顾　效
	赖自立
	钟　宁
	（等）
书籍装帧	皮志伟
版式设计	李　晶
	徐　淼

内容提要 Abstract

本书为庆祝东南大学建筑设计研究院有限公司成立 50 周年及建筑遗产保护规划设计研究所成立 10 周年而出版的作品选。主要收录了建筑遗产保护规划设计研究所近十年来在建筑遗产的保护规划、修缮、保护设施与环境设计、标志性景观与建筑领域的优秀作品，以及部分文化遗产保护法规与文件。其中大部分作品已建成，并获得国家文物局、国家文物信息中心、中国勘察设计协会、中国建筑学会、教育部等部门评选的优秀设计奖项。

遴选作品本着精益求精的精神，兼顾学术性与原创性、专业性的特征，突出展示文化精神与地域文脉，表现出建筑遗产保护规划设计研究所作为高校背景的专业建筑设计机构的学术特色。

本书以图文并茂的形式，对相关作品的项目概况、设计团队、创作理念、建成照片以及简要图纸等内容逐一介绍，力图为业界同仁、业主客户及大众读者呈现建筑遗产保护规划设计研究所近年来的优秀成果。

根深叶茂，继往开来
——祝贺公司建筑遗产保护规划设计研究所建所十周年

在公司成立五十周年暨建筑遗产保护规划设计研究所成立十周年之际，结集出版本作品集，既是对社会、业主的汇报与交流，也是自我反思与提高的需要。

2005 年，为了更好地服务于国家和江苏省的建筑遗产保护工作，公司组建了建筑遗产保护规划设计研究所，有幸聘请著名教授朱光亚先生担任所长。转眼已经十年。在这十年里，遗产所承接了大量国家级和重大文化遗产保护工程及规划设计任务，为有效保护和合理利用民族文化遗产做出了重大贡献，也为公司成为中国文化遗产保护工程的重镇做出了贡献。十年来该所获得了国家文物局十大保护勘察和设计优秀成果奖 2 项，教育部优秀设计奖 2 项，江苏省文物保护优秀设计奖等。目前公司具有文物保护工程勘察设计甲级资质，是江苏省建筑遗产保护工作的主要支撑力量之一。

取得如此骄人的业绩除了遗产所全体员工的努力之外，还由于我们的所有工作都得益于前辈学者们奠定的学科坚实基础。在过去的大半个世纪中我校前辈学者刘敦桢、童寯、杨廷宝以及他们的学生潘谷西、郭湖生、刘先觉和刘叙杰教授等始终走在我国建筑遗产研究和保护的前列，他们所建立起来的建筑历史学科是我国唯一的国家级重点学科，遗产所就是在他们所栽培和浇灌成长起来的学科发展的大树上生长出的新枝。前辈们在学术生涯中那种高瞻远瞩、精益求精、追根溯源的治学原则始终是我们宝贵的精神财富。

遗产所这几年的工作还与我校建筑学院的学术发展密切联系着，十年来协助建筑学院各位老师承担了若干重要的保护和建设工程研究课题，足迹遍布大江南北，发挥了建筑学院建筑遗产保护工程的实践基地的作用，既为我校的学术研究夯实了发展的实践基础，也为公司在文化遗产保护领域不断赢得声誉。

目前我国建筑遗产保护的工作任重道远，人们渴望留住乡愁、留住城乡的记忆，建筑遗产保护和弘扬的视野在广度和深度方面都有待于进一步创新和发展，祝愿建筑遗产保护规划设计研究所的同志们继往开来，与时俱进。

东南大学建筑设计研究院有限公司　　总经理

追索中国文化精神，探寻地域文脉表达

朱光亚及全所同仁回顾建筑遗产保护规划设计研究所实践十年

朱光亚：十年磨剑，更上层楼

东南大学是块宝地，成贤街、文昌桥这些名字就告诉我们这儿文化积淀的分量，东南大学建筑设计研究院是宝地中的福地，西望六朝松，北拥华林苑，穿越时空对话的古代先贤一大撂，怪不得1950年代中国建筑界的四位院士中三位院士都聚集在这里。东南大学建筑学院建筑历史学术力量的雄厚世人尽知，但将建筑历史的学术优势变为设计市场的专业队伍则是十年前的事情。设计一如瑞士建筑家马里奥·博塔所说："我们这一行不在于你想做什么，而在于别人委托你做什么。"大约十年前中国社会对历史文化遗产和对文化类建筑的关注达到了一个转折点，东南大学建筑设计研究院建筑遗产保护规划设计研究所应运而生，并在设计市场中不断砥砺和拓展，在世界遗产、国保单位等的保护规划和修缮设计，古典风景名胜园林规划设计，历史文化名城、名镇、名村及历史文化街区的保护规划，高文化含量的城市标志性的当代建筑设计等方面取得了系列的成果，也为国家、江苏省和南北各省重要城市的文化建设做出了突出的贡献，同时还形成了一支具有丰富理论和实践经验的技术骨干队伍。本所几位骨干现在正在承担的若干项目，已经完全不同于十年前国家建设还处于粗放阶段时的项目要求。可以说面对着国家发展进入集约化的可持续发展阶段，面对社会记得住乡愁的大潮，面对各地对表达地域文化的渴望，我们正层楼更上，承担更多的高、中端要求的各类规划设计任务。磨剑十年的一系列成果可以为证。

俞海洋：以文为魂，与时俱进

十年前我所就承接了一系列富含中华传统文化精神追求的建筑设计任务。我们始终"以文为魂"，深挖每个项目中核心的价值内涵，并以建筑的形式展现出来，此"文"除了"文"与"质"概念中的表示外在形式的"文"之外，更侧重于内在精神，它融于史据文献，化在书画诗文。例如，龟山汉墓，基于历史环境和自然环境的分析和认知，我们在规划中提出保护龟山汉墓需着眼于山水环境，在保护墓葬本身的同时，及早关注空间视廊和景观的保护。我们将规划方案中的主体建筑体量尽量缩小，运用绿化和山石结合的手法淡化建筑，与环境相融。后来的淮安漕运博物馆、上虞大舜庙项目也都"以文为魂"展开创作过程。最近建成的临沂书圣阁更是展现书圣王羲之风骨的建筑，我们以临沂地区书圣文化为着眼点，在艺术、文学、考古领域做研究，从名楼案例、书圣书法、魏晋文学、考古资料、魏晋建筑文物特征等方面挖掘出书圣阁设计的灵魂。以上几个项目建成后均成为广受喜爱的地域标志。在构造细节的处理上，也贯彻"以文为魂"的理念。在龟山汉墓中，屋脊上鸟形动物装饰、柱头饕餮图案、门厅地面日月星辰铺地、天花上四象雕刻等都源于汉墓出土文物。2003年王羲之故居发掘出两座晋代砖室墓葬则成为我们设计的直接借鉴，使得书圣阁所展现的文化内涵完全贴合临沂本土特色。符合建筑审美标准之外还同样需要符合规范、建造的要求。近年建筑规范标准更新频繁，反映出社会对建筑质量要求的新变化，主要表现在结构、节能和消防方面。但在古建筑中节能、消防与木构古建筑造型的矛盾是尤为突出的，例如木材的耐火极限、外保温打断檐口出挑的结构等。我所自成立之初就注重在施工图阶段中建筑结构和构造的探索。如以往仿古建筑很少做到外保温节能，我们则采用内框架外保温+仿古外装修的构造，改善古建筑的节能保温效能以满足当代使用要求，实现主体结构符合消防要求。再如檐口大跨度出挑的构造，同时包括了结构安全和施工的问题。苏州重元寺项目中角梁长约8.5米，采用钢筋混凝土的角梁截面尺寸过大，在和施工单位沟通后，改为型钢角梁外包木，既满足结构安全要求又减轻自重。在近年完成的书圣阁项目中，悬挑的出檐全部采用钢结构，不设混凝土结构板以减轻自重，通过预埋件与主体混凝土结构焊接或螺栓连接，方便施工、压缩工期，满足深远出檐的魏晋风格建筑造型需求。古人云，质胜文则野，文胜质则史，文质彬彬，然后君子。我们力求"以文为魂，文质兼备，文质彬彬，与时俱进"。

杨红波：跨界和穿越的享受

跨界设计是大势所趋，体现在与我们息息相关的生活中，无论是在娱乐行业、互联网行业还是在设计行业等等。运动员可能是医生，律师可能是个成功大厨，"不想当个厨子的司机不是好裁缝"虽然这只是一个经典的玩笑话，但用在当代社会各行各业里却能较贴切地体现出"跨界"的特点。这样把两种或者两种以上不同概念的事物结合在一起的做法，从一定角度上来讲，更能集各家之长于一身，诞生出新的个体，充分发挥各部分的优势。目前我们团队完成的设计项目类型中就存在着许多跨界作品，它们或是在经典的传统建筑形式里融入现代使用功能，如扬子江药业综合办公楼、苏州阳澄湖船餐厅和宜兴善卷洞风景区游客中心；或是以现代中式的建筑形式融入古典的功能需求，如大舜庙建筑群；或是古建筑形式与现代建筑形式共存，如中国漕运博物馆、绍兴兰亭书法博物馆和扬子江药业生活区。跨界和穿越的设计方式可以在设计中得到意想不到的独特效果，既增强了建筑的趣味性和独特性，同时也满足了业主对建筑的使用和心理需求。这些跨界和穿越不是凭空想象出来的，它需要设计师充分了解业主的需求，综合考虑可行性和合理性，既要关注技术的革新又要有扎实的传统建筑积累作为基础，因此这类传统与现代穿越对话的设计对建筑师提出了更高更新的要求，体现在需要建筑师具备更加全面的专业知识和审美情趣上。我个人非常享受这种跨界和穿越的设计。

顾效：以史为据，睹物皆情

《牡丹亭》里杜丽娘推开园门，一声惊讶："不到园林，怎知春色如许？"姹紫嫣红、断井残垣，所见所感，织成一片。王国维先生说："一切景语皆情语也。"古建从业十年，深感文物建筑修复一道，一面须以史为据，从风规文史精勤悟入，了明历史渊源与技术原理；一面是触景皆情，与主人精神相与盘桓，传递古人的风神格致和给我们当代人带来的感动。铁琴铜剑楼是我参加工作时参与主持的第一个项目，因着是在家乡常熟，心中尤觉得可贵。常熟历史上就是以文化自傲的地方，从南方夫子言偃立道以来，真是明星璀璨，人物如雨。在这当中，有一批致力于文献书籍保存的人物极受推崇，便是藏书家。铁琴铜剑楼是藏书楼，建于清乾隆年间，创始人瞿绍基，瞿氏五代藏书楼主都淡泊名利，以藏书、读书为乐。当时除了文献资料外，手里对着两幅图，一幅是《江苏常熟古里村瞿氏住宅被毁详图》，这是新艺美工建筑公司（Modern Art Construction Co.）在铜剑楼被毁之后详细的测绘稿，以英尺作为单位；另一幅是曹大铁先生绘《铁琴铜剑楼图》。取舍之间，将铁琴铜剑楼这一江南著名私家藏书楼修缮并恢复了其所在瞿宅中路的主要建筑及后花园，以明主人志趣行止。綵衣堂则是另一派风范，主人翁家，理学世家，两朝帝师，在清末影响力甚巨。綵衣堂的保护规划，前后编制近三年时间，考证翁同龢父亲购屋尽孝的缘起，了解綵衣堂堂名的由来，又做了彩绘材料和年代分析专项研究，提出基于价值评估的日常监测的必要性。从铜剑楼、綵衣堂开始，到后来的聚沙塔、燕园的保护规划，和家乡常熟有关的项目几乎陆续伴随着我一直以来的工作。朝飞暮卷，云霞翠轩，流水已是十年。十年之间，姑苏阳澄湖畔重元寺兴起，武当玉虚宫石桥护栏新装，浙江长兴城山教寺山林古刹重整，上虞大舜庙前广场上夔龙云起，金陵愚园铭泽堂前雪霁天晴……回首向来处，无不倾注了掌灯读史的热情，推演原状的激动和项目实现的欢愉。家乡项目获得的那一份感动，会传递到其他的项目中去。以史为据，睹物皆情。赏心乐事谁家院？会心者自不远。

徐枚：缸内缸外寻自由

央视记者张泉灵辞职时写了一篇日记《生命的后半段》。其中讲述一个例子：由于光在水里发生折射，圆形玻璃鱼缸里的金鱼看到的缸外的直线运动的物体是沿着曲线运动的，所以可以据此形成与缸外完全不同的物理学规律，这种规律对缸外的人来说却是谬论。但是，我们有可能也在一个更大的鱼缸里。"其实，人生时不时地被困在玻璃缸里，久了便习惯了一种自圆其说的逻辑，高级的还能形成理论和实践上的自洽。从职业到情感，从人生规划到思维模式，无不如此"。同样地，我们从跨入建筑学的门槛开始，所接受到的设计方法、理论及概念等，从最初的理解、生涩运用到滚瓜烂熟，随着工作的积累，慢慢形成我们脑中的"玻璃缸"。而缸外的社会却如同滚动更新的网页一样快速更替，从潇洒地在白纸上画出各种符合我们设计理念的规划或设计，到对这些前期作品进行纠偏、补漏、更新或改造的过程中，我们所熟悉的建筑设计、规划、城市设计与景观这些专业划分之间的界限越来越模糊，与建筑之外的边界也不再泾渭分明，而是相互纠缠。因此，要成为一个成熟的独立建筑师，必须打破这些"玻璃缸"，适应界限日益模糊的现状，从更宽广的视野理解每一个设计，不局限于建筑设计或规划的类型，也不局限于所委托的地块范围，寻求在更宽广的区域、更长的时间跨度内找到解决问题的方法，更专业地为委托人提供选择，才能更主动地把握设计，从而在缸内缸外均能自由遨游。

高琛：地域标志，心灵图腾

城市格局的重构、城市建设的提速促进了这个时代建筑精神消亡的趋势，建筑越来越多地沦为标准化生产的商品。在这种背景下思考建筑设计如何反映地区历史、地理特征和文化内涵，更多地承载了一种历史的责任。不以夸张的体量、刺激的感观效果取胜，而以心灵的触动为重点，以史为据、以文为魂，是我们研究城市景观标志建筑设计的出发点。在城隍阁、书圣阁、鸡鸣阁等项目中，前期我们从选址、环境分析、体量推敲等诸多方面入手，把握控制性原则，进一步挖掘文化主题要素、确定审美定位，形式上并不拘泥于某种特定的传统样式，而是力求表达我们对时代因素、地域特征、文化基因的综合理解，这种表达方式也体现在新型结构和材料的运用上。可以说我们的创作为城市文化的解读提供了最直观的视觉呈现，用建筑语言传达心灵的情感，得到了越来越多的青睐与认可。

章泉丰：大处着眼，细处着力

自2009至2015年，我参加了所里的从高邮历史文化名城保护规划到景观标志昕晨阁的一系列项目，我们在规划与建筑设计项目的交叉磨炼过程中不断成长也不断开拓。规划项目的经历开阔了建筑设计的视野，建筑设计的经验加深了对保护规划中社会层面的关注。高邮历史文化名城保护规划以漕运邮驿系列文化遗产为重点，同时关注老城区内居民生活环境的优化完善。将宽度不等的历史街巷按类型专项设计了各类市政管线的布置模式，为后续设计提供了可靠支撑，有效地解决了老街区内生活、交通、消防需求与保护间的矛盾。钟吾公园景观标志昕晨阁设计，前期以阁的高度与景观视效间关系为切入点，通过城市范围内特定位置的视线分析确定阁的高度取值范围。在公园层面，研究沭河、河堤、内湖等外围环境要素场地关系，推敲昕晨阁的体量和比例。打破规划设计与建筑设计之间类型的藩篱，从更高更新的整体的角度重新审视设计本身，从与可操作性的衔接方面重新审视规划，都使得我们的规划设计项目定位清晰而内容丰富多彩。这是我们遗产所具有的优势，我们将延续这一理念继续开拓。

许若菲：意境中的形式探求

最近几年在我所承担的雅集园和宜园等项目中最值得一谈的是中国艺术中的意境概念。意境，是人的想象在脑海中实体化的一种表现。生于无形，意寓有形。古代文人雅士，寄情山水，又贪恋城市生活的便捷，生于尘世，向往清雅，造园即是古代文人心中意境实体化的呈现。宜园园主庞莱臣作为近代收藏大家，精于鉴赏，善于收藏，亦精书法绘画，造园于他如绘画般；胸中自有丘壑，布局精巧，故构建出如童寯先生所说"南浔诸园无能与此争者"的宜园。意境、画境、实境，步步趋于现实化，由幻入真，从脑海中过眼云烟的思绪到纸笔间摩挲再至真切能摸到的山石小筑，这是一个从意味无穷而又难以阐述到画稿前的精心构思再到真实场地上堆山筑林的过程。面对孟津河边西侧空旷的用地，林木葱郁，结合苏轼阳羡买地、终老常州的遗迹，脑海里呈现的却是大文豪苏轼、黄庭坚、秦观、晁无咎等于北宋驸马都尉王诜之第西园雅集的场景，斯人已去犹忆影，画笔里自然而然地勾勒出怀古佈今的新西园雅集。由意境入实境，由幻入真，实境却不能让人出境，亦幻亦真才是对其最好的评价。如南浔的园林多分外园内园，外园是面向家族人群，众口难调，一般做得平平，然而内园才是主人更深层次的意境体现，可以凝翠，可以掩醉，更可以难辨虚实。雅集园中通过再现戈裕良小中见大的假山堆叠方式，令游人穿梭于古今，直至四周分布的现代艺术创作中心。步履之间，虚实相易，时空交替，园林入画。

邓峰：我们为历史村镇可持续发展提供前景

自首批中国历史文化名镇（村）公布，同里、周庄、乌镇、西塘、用直等等已发展成为全国著名的旅游景点，后续公布的名镇名村在发展规划中，虽然其历史价值、艺术价值、观赏价值等方面普遍逊于早期，仍多以早期为范本，重点发展镇村内的古街，恢复和扩张古街旅游商业，不仅造成名镇名村特点丧失，趋同现象突出，无法吸引游人，甚至威胁这些镇村的保护，对文化遗产带来巨大的破坏。我们近年探讨了历史村镇保护的可持续发展之路，强调避免同质化，强调保护村镇聚落的特色，这里的地方特色不仅是历史价值，还可以是自然山水、民俗风情、乡间野趣。因而立足于保护地方特色，促进地方的发展，提升地方活力的出发点，我们以差异化定位研讨规划方向，努力协调规划与现代化建设的关系，或稳定居住，或发展传统商业，或依托山水特色，又或几者相辅相成。当财力等不足时，踏踏实实保住现有的文化遗产，改善当地的生活基础条件，不断挖掘、沉淀其历史内涵，保护好发展资源，为将来的发展打下坚实的基础。

宋剑青：站在文明史的高度上

建筑文化遗产保护工作发展到现在，遗产的层次与内涵变得更加丰富：遗产不仅仅是具有高超工艺的古代建筑、历史悠久的文物收藏，还是人类文明史中对不同的文明起着见证和记忆作用的物证，以这样的眼光审视，聚落遗产与跨地域的工程遗产也成为建筑文化遗产的重要组成部分。例如我们的大运河以及余西古村落等建筑遗产项目，它们虽然并不具有令人一目了然的重要和闪亮的建筑物，但其发展变迁绵延数千年，保留下了聚落、遗址、水利工程等大量地理印记，反映了中国东部地理海陆的变迁、南北的交流历史、中国农业文明中的大一统的特点等，见证了我国古代人民改造自然的伟大历史。这样一种视野使得我们能够从更为广阔的全球发展的角度认识规划对象，我们的规划从水利史、盐业发展、海陆变迁、人口迁移等多个方向提炼出各遗产的价值特色，为遗产的保护与利用提供了坚实基础。

戴薇薇：历史大河中的倘徉

历史是一条又阔又深的大河，从业以来我参与所里的各项任务就像在这条大河中徜徉，如总统府历史文化街区保护规划、苏州山塘四期修建性设计与青果巷历史文化街区建筑修缮，范围从保护规划、修建性设计延伸至街区建筑修缮，贯穿了保护规划落地实施的一系列过程。在各个层次中注重历史信息的发掘与保护，保护规划从宏观层面注重对历史格局、风貌、建筑、环境、非物质文化遗产的保护与利用；修建性设计是保护规划向建筑修缮过渡的重要环节，进一步深化需要保护的若干要素；最终至建筑修缮时，则具体细化到修缮过程中需保留的历史要素，如建筑的平面格局、结构体系、墙体、铺地、小木作等，以及具有历史价值的景观要素，包括街道、驳岸、植被、桥梁、小品等。三个阶段侧重点不同，但皆重视对历史信息的保护与利用。

唐静寅：问君哪得清如许

对中国传统建筑的研习和实践，一直被我们当做探索中国现当代建筑发展之途的活水源头之一。不论是处于现代城市环境中的景观标识物、更新以现代功能使用的历史街区民居，或者是供现代人赏玩、给当代人以文化熏陶的园林雅集，我们的目标从不拘于对传统物质形态的保护和复兴，而是尝试以传统思维的智慧，独辟蹊径地应答现代学科和社会的诸多问题。这既是对传统精神的学习和应用，更是继承和发展。在当代多文化、多学科交叉发展的大背景下，我们学习传统的途径也获得了极大拓展。我们借助对历史建筑的调查和修缮，揣摩传统结构、构造、装饰的原理和变化；借助当代中外汉学家对中国文化特征的多种剖析，寻求形式模仿以外诠释传统的新途径；借助结构建筑学等当代建筑学科理论和技术，拓展传统精神得以表达和呈现的新媒介。问君哪得清如许，为有源头活水来。我们以当代为鉴发现历史，以历史为鉴探望未来。

和嗣佳：漫漫的建筑之路

到目前为止，工作已经2年有余，有一些简单的体会。负责的主要是一些保护工程，这类工程项目最重要的是以保护为前提，这无形中为建筑设计、环境设计带来了更多的制约因素。如温州谯楼的保护与展示项目中，当地气候温暖湿润、湿度较大，雨量丰富，同时伴有台风、暴雨，并且在历史城区内市政条件、排水排污能力都较差。为了达到更好的结果，希望能够对项目的每一个关键点进行磨合。这甚至可以说是在一个项目周期内完成通常先进行经验的积累，再运用经验改善设计的全过程。在该项目中，最终将地块整合和整治为一个小小的遗址公园，成为温州历史城区中一块生意盎然的绿色的公共文化空间。这一过程必将映射到我今后的工作之路，我相信今后的设计项目中势必有多方面的需求，不断积累及时总结各个项目的各种经验，可以为我们解决更多、更复杂的项目提供技术储备，使我们所设计的方案能够真正成为最优的、最有竞争力的可行方案。

奚江月：工作伊始，面临挑战

遗产所的工作相对于一般的建筑设计工作而言，是有许多特别之处的。首先是项目的特殊性，往往不在繁华的城市而在深山里、风景区内，抑或是鱼龙混杂的旧街区大杂院中。其次是工作方法的特殊性，面对原有的历史性古建筑，在"历史的模样""现存的状况"之下，还要根据现在的使用功能加以合理的修缮，是一般建筑设计师所不常面对的问题。最后，是工作内容的特殊性，古建筑修缮、复原、重建等等的工作相较于一般设计工作更为细致繁密，特别是对于学习现代建筑出身的我，更需要特别仔细用心和多加考量。在我参加所里工作的不长的时间内，我感受到了所内领导和前辈们对我的关心和帮助。大家指导我的工作、解答我的问题、开解我的烦恼、鼓励我的前行。这样一个工作环境，既有现代化的管理模式和工作环境，又兼具传统式的知识技能的传承模式，让我十分受用。

陈建刚：精品意识，团队精神

回顾我们遗产所走过的十年，精品意识是我们生存和发展的主导思想，精诚合作的团队精神是队伍壮大的基础。精品意识是我们东南大学建筑设计研究院和我们遗产所的特色，我们接受了相当多普通设计单位难以承担或者期待值甚高的各类工程设计任务，因为我们有高于别人的设计目标和理念，设计过程投入了比别人更多的精力，也有更高水平的设计人才和技术后盾，所以我们才能设计出沈园、大舜庙、临沂书圣阁、南京博物院老大殿修缮等各类得到社会赞许的作品，并继续获得社会的信任和新的委托，形成项目上的良性循环。团队精神是我们所特别珍视的工作理念，我们每一个项目都离不开大家的合作，从不同专业配合到同一专业设计的不停讨论修改，都需要集体的力量，讨论上有分歧、有争执，但同一个目标最终总能使得大家获得满意的结果。在这个和谐的团队里工作是我们的幸运。古建所一路走来已经十年，虽然历经坎坷，但大家从设计、学习、社会中不断历练，从一个个懵懂的书生演进成专业上的"剑客"，我们将会继续创造奇迹！

胡石：高瞻远瞩，脚踏实地

回顾过去，10年的工作成果是一个节点，也是前行的坚实基础；相较于一般的规划设计，遗产所的保护规划与设计有着很大的挑战性，体现出类型多样、流程复杂、学科跨越的特征，大量的项目在设计过程中甚至都缺乏足够的先例参考，需要深入地研究和不断地创新，也需要克服困难的勇气。发现问题，制定目标和任务往往成为项目工作的首要环节；研究的深入和与相关学科合作是项目成功的关键；不甘流俗的希冀是项目背后的坚持。展望未来，这种挑战继续存在且更加明显，高文化和高技术的项目日益增多，留住乡愁和低碳节能要求并存，我们的工作充满希望，面对新的前景我们既要高瞻远瞩，更须脚踏实地。遗产所将进一步坚持精品化项目的目标，依托于东南大学建筑学院的深厚学术底蕴，依托于城市与建筑遗产教育部重点实验室（东南大学）的多学科支撑，依托国家文物局木构营造技艺研究基地的领域建树，伴随研究型、专业化团队的建设发展与日渐成熟，城市建筑遗产保护规划设计研究所将在领域内提供完善的全流程规划设计与咨询服务，承担更为重要的文化遗产保护与传承的工作。

目录 Contents

020 建筑遗产保护规划　　Conservation Planning of Architectural Heritage

062 建筑遗产保护修缮设计　　Treatment of Architectural Heritage

144 建筑遗产保护设施与环境设计　　Protective Structure and Landscape Restoration of Architectural Heritage

166 标志性景观与建筑设计　　Landscape and Architecture Symbol

244 文化遗产保护法规与文件编制　　Cultural Heritage Treatment Laws and Documents Preparation

046 江苏宜兴历史文化名城保护规划
Historical and Cultural City Conservation Planning, Yixing, Jiangsu

048 芜湖古城总体规划与方案设计
Overall Planning and Project Design of Wuhu Ancient City, Wuhu, Jiangsu

052 江苏南通余西历史文化名村保护规划
Yuxi History and Culture Village Conservation Planning, Nantong, Jiangsu

056 南唐二陵遗址公园规划
The Two Mausoleum Ruins Park Planning in South Tang Dynasty, Nanjing, Jiangsu

建筑遗产保护规划

Conservation Planning of Architectural Heritage

022　中国大运河江苏段遗产保护规划
　　Jiangsu Reach of the Grand Canal Heritage Conservation Planning, Jiangsu

026　明孝陵保护规划
　　The Xiaoling Mausoleum of the Ming Dynasty Conservation Planning, Nanjing, Jiangsu

028　辽宁新宾清永陵保护规划
　　The Yongling Mausoleum of the Qing Dynasty Conservation Planning, Xinbin, Liaoning

030　浙江余姚河姆渡保护规划
　　Hemudu Site Conservation Planning, Yuyao, Zhejiang

032　浙江温州永昌堡保护规划
　　Fort Yongchang Conservation Planning, Wenzhou, Zhejiang

034　浙江嘉兴海盐绮园保护规划
　　Qi Garden Conservation Planning in Haiyan County, Jiaxing, Zhejiang

038　广州肇庆府城保护与复兴修建性详细规划
　　Zhaoqing Prefectural City Conservation, Rehabilitation and Construction of Detailed Planning,

建筑遗产保护规划　Conservation Planning of Architectural Heritage

遗产所 10 年来承担了大量的遗产领域范围多种类型的规划编制工作,其中绝大多数是全国重点文物保护单位的规划编制。规划范围涵盖世界文化遗产、遗址、古建筑和革命纪念地的文物保护单位。在城市遗产保护层面,遗产所承担的工作几乎涵盖城市遗产规划相关的所有类型。遗产所强调工作的专业性和规范性,不断摸索实践,形成了专业的规划编制方法和流程,并积极参加相关规范的编制工作,编制的规划多次获得国家级、部级、省级优秀勘察设计奖。

沈園景雄圖

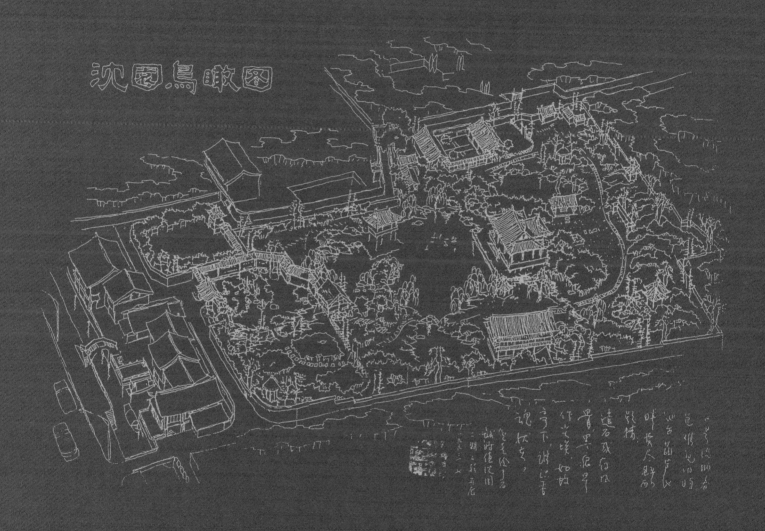

世界文化遗产
中国大运河江苏段遗产保护规划
Jiangsu Reach of the Grand Canal Heritage Conservation Planning, Jiangsu

项目负责人	朱光亚　李新建
参与人员	邓　峰　宋剑青　纪立芳　王　元　章泉丰 徐　玫　李　倩　姚　迪　陈建刚　白　颖 李金蔓　王晓雯　李晋琪　姚辰华　李　欢
项目规模	800公里
项目时间	2008—2009年

2009年12月，为有效保护江苏省境内的中国大运河遗产，推进中国大运河申遗工作，江苏省文物局根据国家文物局的统一部署，委托东南大学建筑设计研究院承担编制《中国大运河江苏段遗产保护规划》工作。

江苏省大运河遗产包括京杭大运河江苏段和通济渠（汴河）江苏段两大部分。京杭大运河自北向南穿越整个江苏，省境内主线总长590公里，包括中运河江苏段（主线156公里），淮扬运河（主线183公里）和江南运河江苏段（主线218公里）三个河段，沿途流经徐州、宿迁、淮安、扬州、镇江、常州、无锡、苏州8个市。通济渠江苏段主要由苏皖省界经宿迁市泗洪县流入洪泽湖，主线长约33公里。

本规划立足于大运河江苏省段各遗产的保护，是对江苏省8个市级大运河遗产保护规划的整合和总成，重点在于遴选省级层面的大运河遗产点并对其进行统一管理，协调跨市域或省级层面的航运、水利、南水北调等方面与遗产保护的矛盾。在遗产点筛选、价值评估、保护措施、管理规定等方面为中国大运河申报世界遗产做准备。

江苏省隋唐时期大运河河道示意图

江苏省明清时期大运河河道示意图

江苏省大运河河道现状示意图

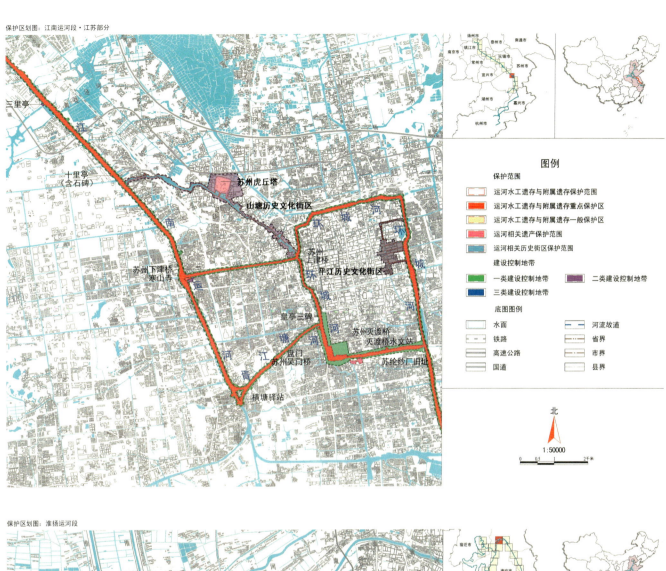

保护区划图：江南运河段·江苏部分

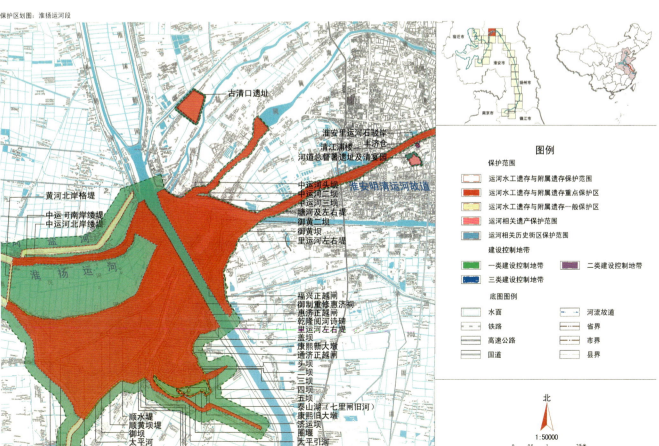

保护区划图：淮扬运河段

重要点段保护展示规划图：淮扬运河段·保护展示分区图

展示区

- 黄淮运枢纽遗址考古展示区
- 漕运中枢文化展示区
- 洪泽湖大堤展示区
- 泗州城遗址考古区
- 湖漕展示区
- 扬州盐商文化展示区

遗产点

黄淮运枢纽遗址考古展示区/漕运中枢文化展示区
- 琉球国京都通事郑文英墓
- 淮安里运河驳岸
- 丰济仓
- 河道总督署遗址及清晏园
- 御制重修惠济祠碑
- 清口枢纽
- 古清口遗址
- 清江浦楼
- 清江清真寺
- 淮安古运河石码头
- 清江大闸
- 吴公祠
- 陈潘二公祠
- 淮安钞关遗址
- 河下历史文化街区
- 淮安古运河石堤
- 康熙乾隆御碑（淮安）
- 淮安府衙
- 总督漕运公署遗址
- 镇淮楼

洪泽湖大堤展示区
- 高家堰铁牛
- 洪泽湖大堤
- 高良涧铁牛

泗州城遗址考古区
- 龟山御码头遗址
- 泗州城遗址
- 第一山题刻

湖漕展示区
- 宝应明清运河故道
- 宝应宋泾河
- 宝应跃龙关遗址
- 子婴闸河闸
- 高邮段里运河东堤
- 高邮御码头
- 耿庙石柱
- 平津堰遗址
- 马棚湾铁牛
- 镇国寺塔
- 高邮盂城驿
- 高邮南门大街历史地段
- 高邮段里运河西堤
- 邵伯古运河大堤
- 邵伯老船闸
- 邵伯铁牛
- 邵伯码头
- 江北运河复堤碑记碑

扬州盐商文化展示区
- 瘦西湖
- 两淮都转盐运使司衙署
- 仙鹤寺
- 南河下历史文化街区
- 扬州城遗址
- 茱萸湾古闸
- 东关街历史文化街区
- 普哈丁墓
- 盐宗庙
- 卢绍绪宅
- 天宁寺行宫（含重宁寺）
- 伊娄河故道

图例

- 展示区
- 考古研究区
- 河流故道
- 省界
- 市界

保护范围
- 运河水工遗存与附属遗存保护范围
- 运河水工遗存与附属遗存重点保护区
- 运河水工遗存与附属遗存一般保护区
- 运河相关遗产保护范围

建设控制地带
- 一类建设控制地带
- 二类建设控制地带
- 三类建设控制地带

区位示意

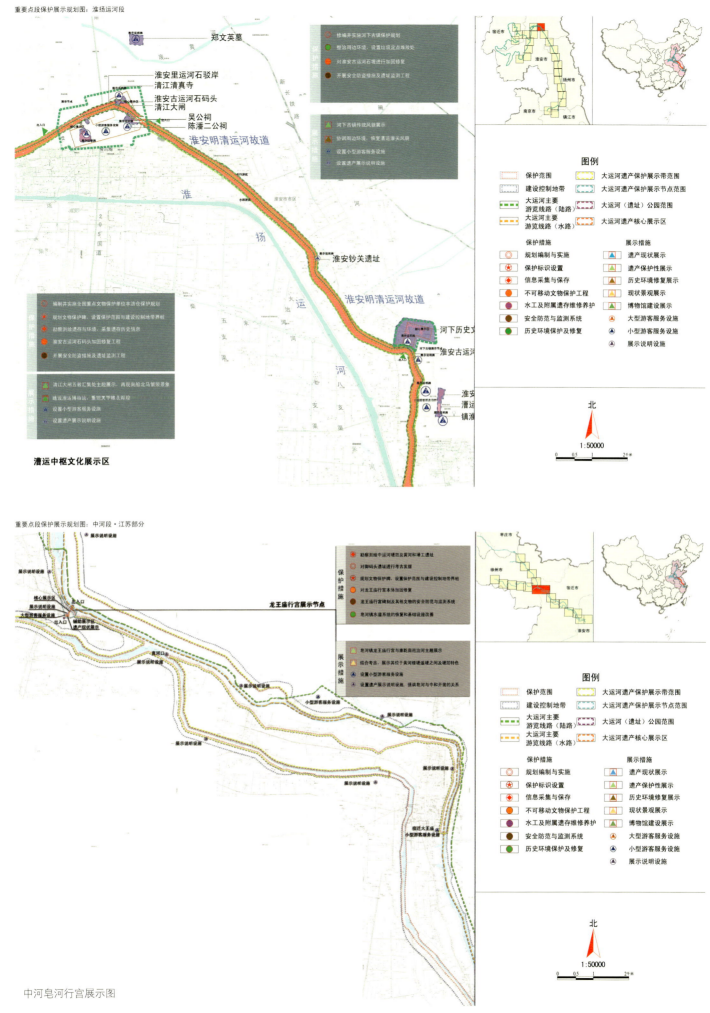

世界文化遗产
明孝陵保护规划
The Xiaoling Mausoleum of the Ming Dynasty Conservation Planning, Nanjing, Jiangsu

项目负责人 朱光亚
参与人员 白颖 邓峰 陈建刚 胡石 龚增谷 陆浩 吴刚
项目规模 约360公顷
项目时间 2013年至今

明孝陵拥有规模宏大和丰富的实物遗存；是中国六百多年来表达正统文化继承权的舞台，也是民族情感的羁留之地；其开创的帝陵新制，影响了明清两代五百余年的陵寝制度；其所在的紫金山更是明代南京城王气的依托与轴线的抵景，是古城山水天然形胜中的聚气之处与灵魂。明孝陵作为南京唯一的世界文化遗产，不仅拥有深厚的价值内涵，更是南京古都文化代表性的重要遗产，对南京的文化及经济具有重要的意义。

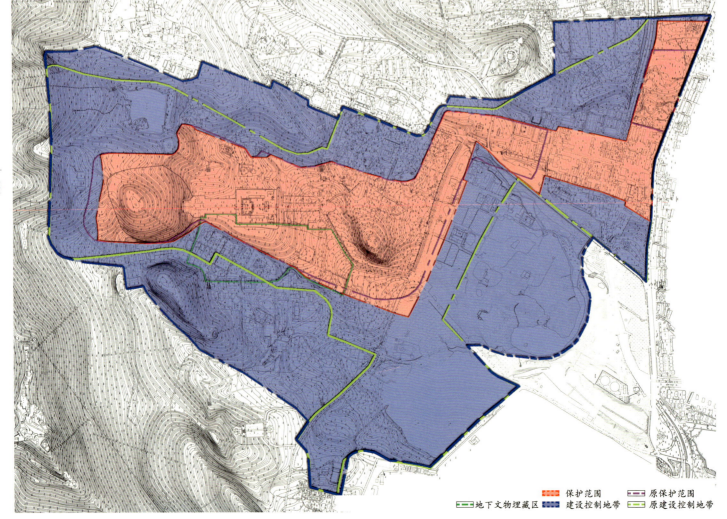

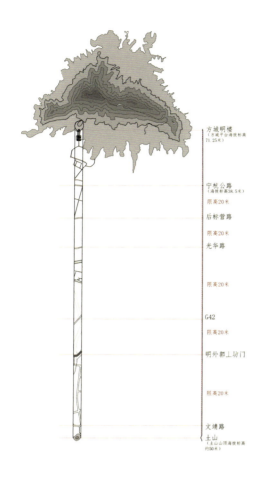

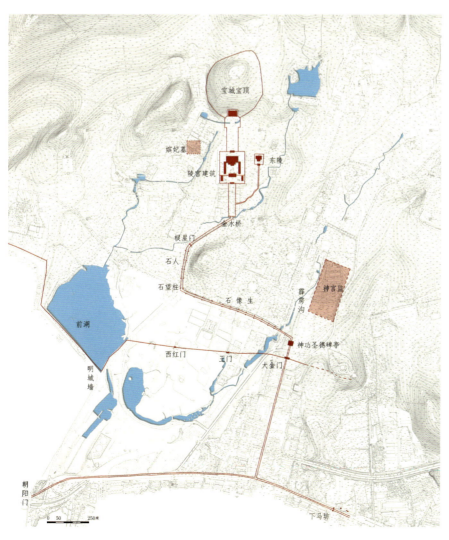
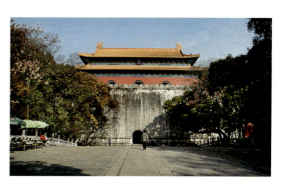

世界文化遗产
辽宁新宾清永陵保护规划
The Yongling Mausoleum of the Qing Dynasty Conservation Planning, Xinbin, Liaoning

项目负责人　朱光亚　胡　石
参 与 人 员　张　喆　许若菲　龚曾谷
项 目 规 模　160公顷
项 目 时 间　2007年

清永陵是中国最后一个封建王朝——清朝定都北京之前建在盛京的三座祖陵之一，是中国清朝皇家陵寝中年代最早，满族文化特色最为浓郁的帝王陵寝建筑群，是清朝兴起之地的重要遗存。1988年1月3日由中华人民共和国国务院公布为全国重点文物保护单位，2004年被联合国教科文组织列入《世界文化遗产名录》。通过编制科学、合理并具有前瞻性和可操作性的文物保护规划，有效保护清永陵及其附属文物，最大限度地保护文物的总体格局和环境的完整性和真实性，从而真实、全面地保存和延续清永陵的历史信息和全部价值，将清永陵建成符合国际遗产保护规范的文物保护单位。

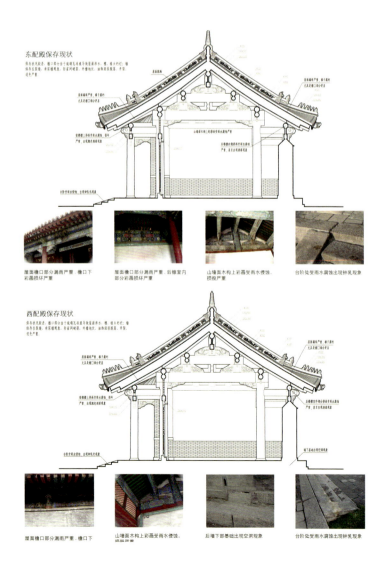

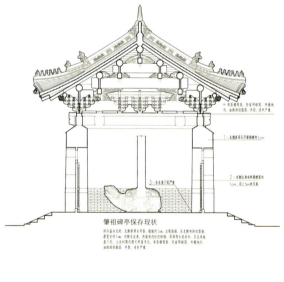

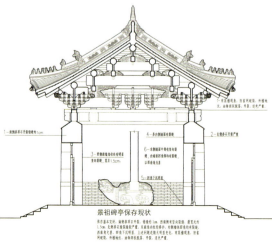

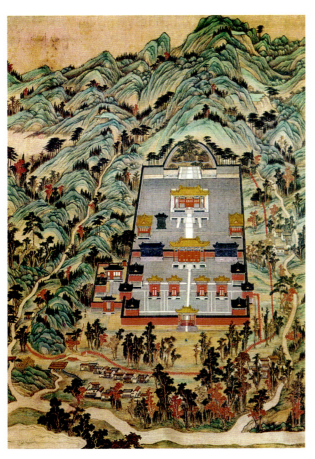
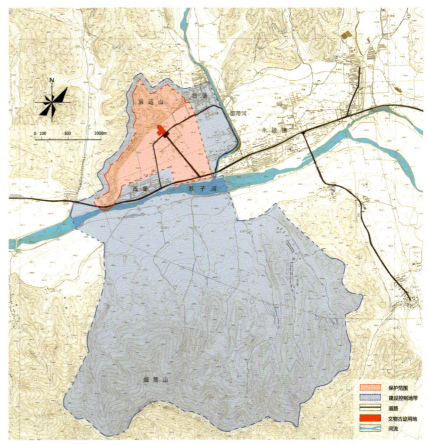

全国重点文物保护单位

浙江余姚河姆渡保护规划
Hemudu Site Conservation Planning, Yuyao, Zhejiang

项目负责人　朱光亚
参与人员　　都 荧　杨 慧
项目规模　　10 公顷
项目时间　　2008 年

河姆渡遗址位于浙江省余姚市河姆渡镇，是我国长江下游一处保存情况良好的重要的新石器时代遗址，是新中国成立以来我国的重大考古发现之一。其功能定位为古文明的整体展示（包括自然环境）。

将区域资源进行整合，形成三个步骤和范围，一是核心保护区内的保护加强措施和高科技保护与展示；二是周边资源的重组和梳理，成为非单一、内容充实多样的展示群，以及各种设施的配备，以具备发展利用的条件；三是周边自然环境的生态重建，恢复山野自然环境，以达到环境的保护和可持续发展。

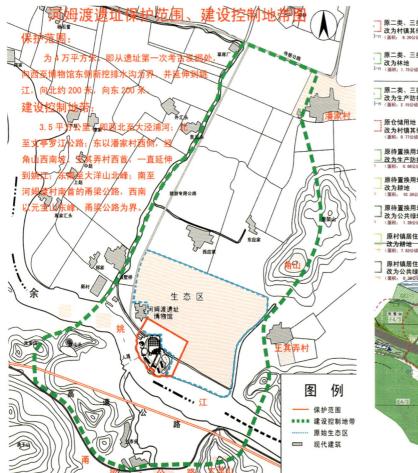

全国重点文物保护单位
浙江温州永昌堡保护规划
Fort Yongchang Conservation Planning, Wenzhou, Zhejiang

项目负责人 朱光亚　胡　石
参 与 人 员 乐　志　蒋　澍　李新建　白　颖　刘　捷
　　　　　　　徐　琦　郑　军　张　森　袁　辉
项 目 规 模 0.89平方公里
项 目 时 间 2002年

本规划被国家文物信息中心评为2004年全国十佳文物保护工程与规划设计。永昌堡位于温州市区东南方向的瓯江三角洲平原上，始建于明嘉靖年间，现仍遗存较为完整的城堡形态。永昌堡作为一个极为特殊的国家级文物保护单位，是因为其周边37公顷的绝对保护范围，也是因为至今仍有5000余人在堡中居住劳作，更是因为整个古堡和周边地区正处于当代城市化进程的边缘。因而保护规划必须在严格依据文物保护的基本准则、遵循文物法的前提下，充分考虑发展的可能，充分考虑如何使这一地段摆脱历史的负面影响，更好地融入不可逆转的城市化进程之中，重新焕发活力。

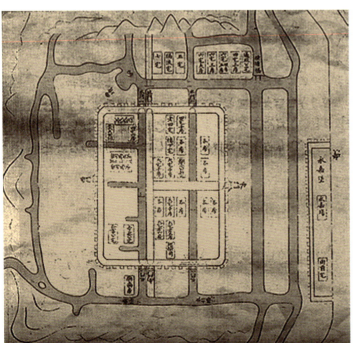
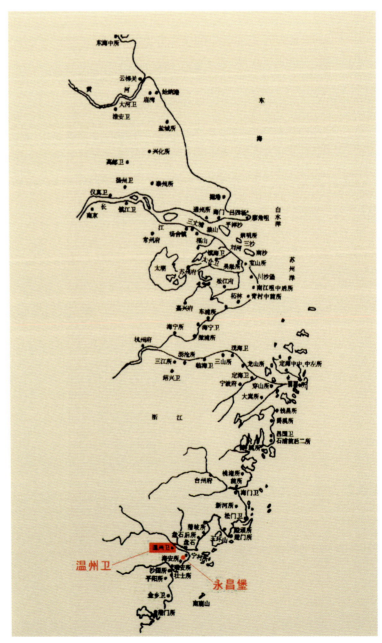

全国重点文物保护单位
浙江嘉兴海盐绮园保护规划
Qi Garden Conservation Planning in Haiyan County, Jiaxing, Zhejiang

项目负责人　朱光亚
参 与 人 员　徐　玫　俞海洋　胡占芳
项 目 规 模　20公顷
项 目 时 间　2006—2014 年

绮园，位于浙江省海盐县武原镇区东部原老县城内。自清同治间始建，经历代添建与重修，园内以前山、中山、后山将园划分为南北两区，有潭影轩、水榭、滴翠亭和小隐亭点缀于水边与山巅，现有大量古树名木，其中百年以上古树有41株，是研究明清海盐私家园林、清末浙江私家园林、中国古代园林发展历史的重要参考实例；园内假山、桥梁、堤岸的营建方式以及地下水系的连通方式等，为造园技术研究提供了典型的案例。2001年，绮园被国务院公布为第五批全国重点文物保护单位。

规划首先明确了文物本体及园林的历史格局，调整保护区划，对周边区域提出控制要求，为园内植被与水系划定缓冲区域，进行选点视线分析，明确主要景观视廊，协调文物保护与城市发展之间的矛盾，为周边地区的规划与设计提供控制依据，较好地控制了周边建设；针对园内各保护要素，包括水系、植被、建筑与假山等，提出对应的保护措施，为保护工作提供技术引导。

规划自2006年开始编制，期间经过数次修改，与地方政府、文保专家进行多轮探讨，于2014年完成。

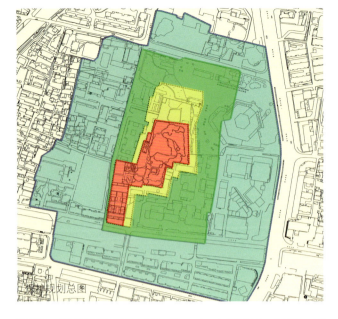

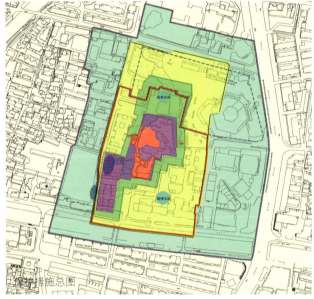

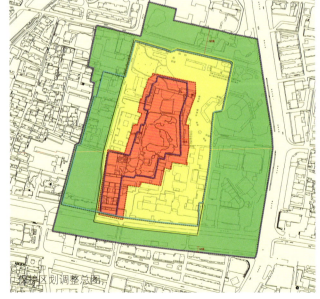

广州肇庆府城保护与复兴修建性详细规划
Zhaoqing Prefectural City Conservation, Rehabilitation and Construction of Detailed Planning, Guangzhou, Guangdong

项目负责人 刘博敏　朱光亚
参 与 人 员 李新建　杨丽霞　李练英　张　延　许　凡　淳　庆　高　琛
项 目 规 模 61.82 公顷
项 目 时 间 2006 年

本规划的肇庆府城是指古肇庆府城墙以内及邻近地段，因历来是府署所在的主城中心故简称府城。本规划目标是在落实历史名城保护规划、明确近期具体实施项目设计的基础上，建立府城保护与发展和谐的关系，将保护与地区发展具体化，探寻"在保护的前提下复兴古城，通过复兴深化保护"的历史文化名城可持续保护路径。规划首先是保护具体化，明确物质/非物质、地上/地下、已知/未知的保护对象，调适保护范围，分层级拟定保护方案与措施，在全面保护的基础上，强调对核心历史遗产的保护与展示；其次是相容性功能引入，迁出与保护不相容项目的同时，明确相容性功能的范围，指明利于历史风貌保护与展示的功能发展方向；最后，通过保护与发展相结合的、对古城风貌起决定性影响的引领性项目的规划设计，引导府城走保护与复兴双赢之路，最终达到在风貌上展现历史文化特色，在功能上复兴府城的中心功能，在环境设施上改善居民生活质量，重塑府城——肇庆城市的品牌。

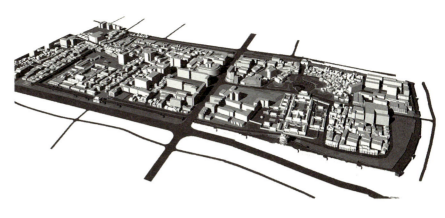

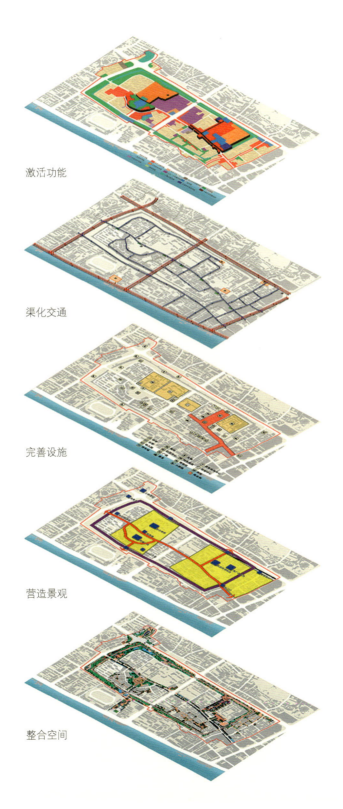

激活功能

渠化交通

完善设施

营造景观

整合空间

江苏扬州东关历史街区保护规划
Dongguan Historical Block Conservation Planning, Yangzhou, Jiangsu

项目负责人 朱光亚
参 与 人 员 姚 迪 李新建
项 目 规 模 77.54公顷
项 目 时 间 2009—2010 年

扬州是国家首批公布国家历史文化名城之一的城市。历来重视对文化遗产的保护，使得扬州老城在当今快速城市化的浪潮中，仍保持了基本完整的风貌。针对江苏省近年的实际情况，结合导则的编写与扬州项目的实际工作情况，本规则探讨了在当前形势下的历史文化街区保护规划的新方法。

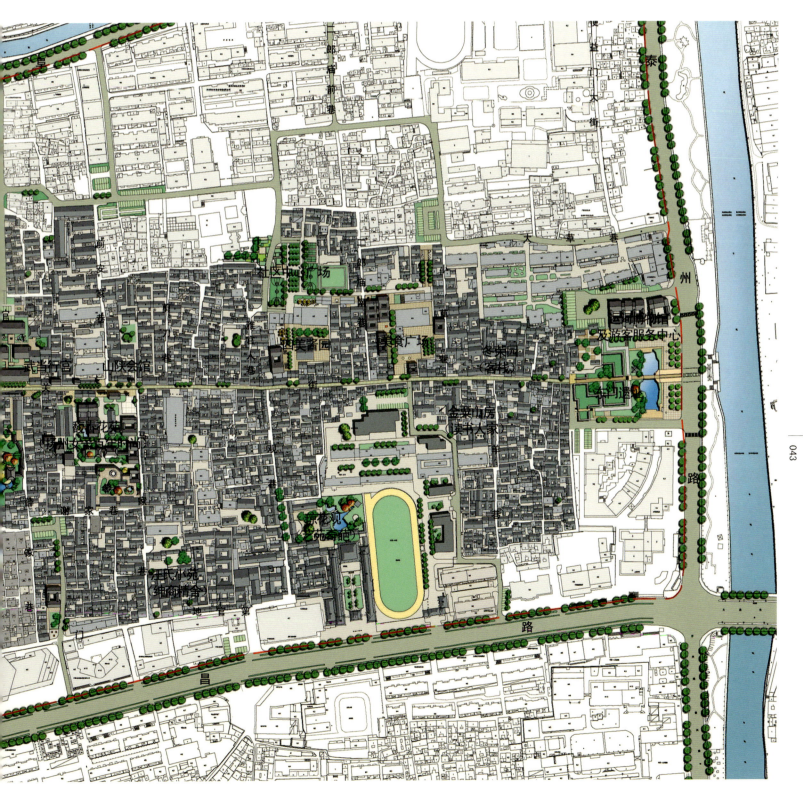

相较于省内以往同类型规划，本规则主要突出了以下几个方面工作：

1. 更强调全面深入的调研，通过"五图一表"严格要求现状调研的准确性，并重视历史研究和上位规划评估，社会调查也成为规划必需的重要组成部分。

2. 针对江苏省的实际情况，对历史文化街区保护范围、建设控制地带的划定做了适合江苏规定并在该项目中试用，同时注意与国家相关条例的衔接。

3. 针对交通与市政基础设施，采用了适应性的原则与技术。

4. 为了直面保护与发展的矛盾，对保护规划深入到虚拟项目的预设，项目化的结合，以更好地控制引导下一步的详细规划与建筑设计。

5. 成果格式、图纸表达深度等根据新的导则要求更为规范、深入。

江苏宜兴历史文化名城保护规划

Historical and Cultural City Conservation Planning, Yixing, Jiangsu

项目负责人 朱光亚　李新建
参 与 人 员 吴美萍　罗 薇　宋剑青　庞 旭　许若菲　王新宇　周 淼
项 目 规 模 670 公顷
项 目 时 间 2008 年至今

宜兴地处江苏省南端的太湖西岸，位于苏、浙、皖三省交界和沪、宁、杭都市圈的腹地中心。其历史悠久，地灵人杰，是著名的中国陶都、教授之乡、书画之乡、梁祝故里，以"陶的古都、洞的世界、茶的绿洲、竹的海洋"享誉海内外。本规划以全面发掘其以陶都文化为代表的历史文化内涵，落实、丰富并强化城市总体规划中"我国著名陶都"的城市性质定位；协调遗产保护和城市发展、生活改善之间的关系，将遗产保护纳入城市总体规划。

在遗产优先、统筹兼顾的原则下协调用地、交通、市政等专项规划和遗产保护的矛盾；并在保护的前提下，充分展示和合理利用历史文化遗产，全面发挥其社会、经济价值和作为地区凝聚力和认同感的情感价值，建设和谐社会。由于陶瓷工业和经济发展的推动，宜兴从明代开始逐渐形成形制独特的"宜城＋丁蜀"城、市并举的历史结构。宜城自秦以来是宜兴的行政与文化中心，明清后丁蜀渐成（手）工业和经济中心，二者隔龙背山相望，以蠡河相连。

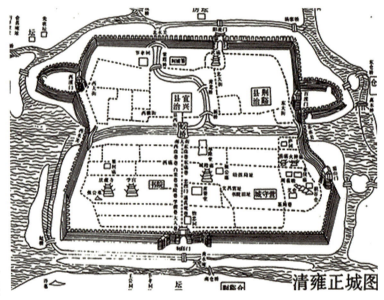

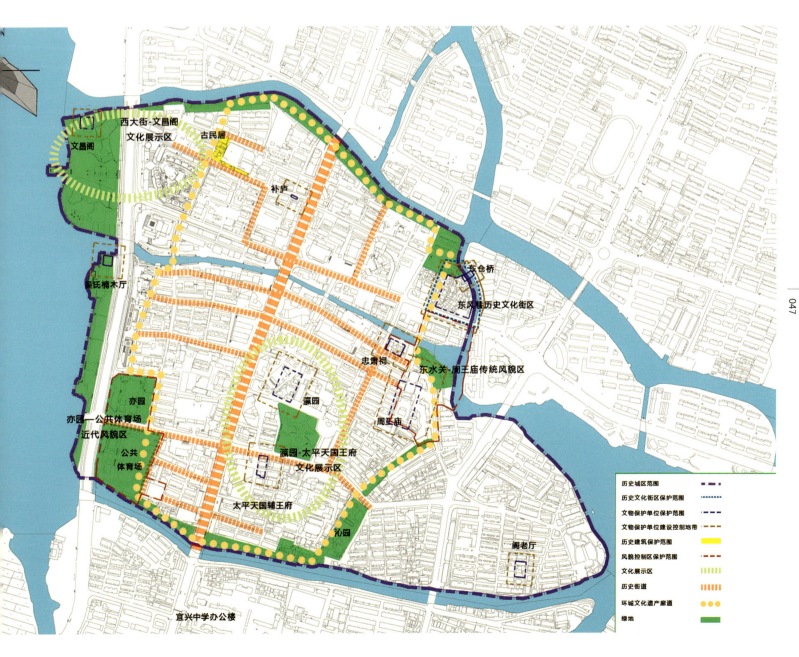

芜湖古城总体规划与方案设计
Overall Planning and Project Design of Wuhu Ancient City, Wuhu, Jiangsu

项目负责人　胡　石
合　作　单　位　意大利 LABICS 事务所　日本市浦住宅城市规划设计事务所　ULM 山设计工房
参　与　人　员　宋剑青　杨　慧　曾宇杰　孟　梦
项　目　规　模　40.33 公顷
项　目　时　间　2012—2013 年

芜湖古城位于芜湖市中心地区，为芜湖明代县城的东半区，保留有较多历史遗迹与较为完整的历史格局。经过对现场的详细调查分析与测绘，导则提出了古城复兴方案，严格保护区内的保留传统建筑，划定传统建筑集中区，以复建或新建意向建筑的方式重新定义古城中的公共地标，配合古城中步行系统的梳理，延续传统城市中功能混合的特征，混合商业、餐饮、居住、文化娱乐以及创意工作室的综合功能来定义古城，使古城成为一个开放的、多层次的城市空间。

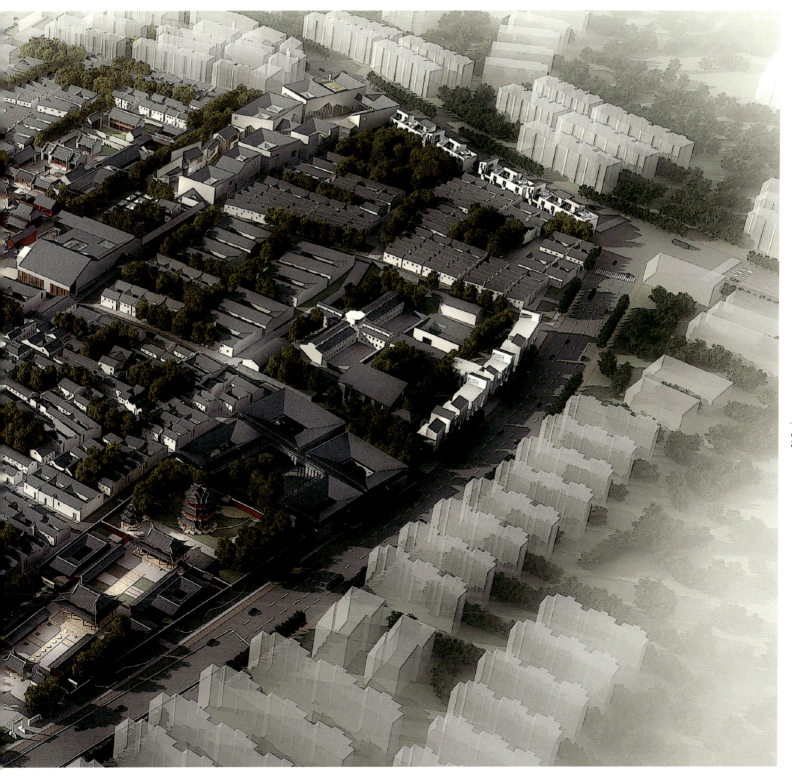

江苏南通余西历史文化名村保护规划
Yuxi History and Culture Village Conservation Planning, Nantong, Jiangsu

项目负责人 朱光亚
参与人员 宋剑青　陈建刚　汤晔铮
项目规模 74.4公顷
项目时间 2014年

余西位于南通市通州区二甲镇，为中国第六批历史文化名村。村内保留了明代以来的水陆格局以及较为完整的村落肌理，是南通地区盐业水乡聚落特色的真实载体。规划按照相关编制要求划定保护区划，对村内建筑、环境要素、街巷河道以及非物质文化遗产等编制了保护名录，提出相关保护要求。规划将余西定位为村民安居乐业，具有乡野意趣，展示通州东部区域传统风貌和盐业遗迹特征，兼容旅游活动的历史文化名村，对村内交通、用地、市政基础设施的方面进行了改善。

全国重点文物保护单位
南唐二陵遗址公园规划
The Two Mausoleum Ruins Park Planning in South Tang Dynasty, Nanjing, Jiangsu

项目负责人　胡　石
参 与 人 员　唐静寅　郑　蓓　张　琪　刘亚雯　赵　元
项 目 规 模　60公顷
项 目 时 间　2013—2015年

南唐二陵位于江苏省南京市南郊祖堂山南麓，由南唐皇帝李昪的钦陵和中主李璟的顺陵组成，是1949年新中国成立后发掘的首个古代帝王陵，是迄今为止长江中下游地区规模最大、最古老的"地下宫殿"，对中国考古史有着里程碑的意义。

规划在充分保护展示遗址本体的基础上，通过保护及梳理原有地形格局，强化南唐二陵的山水格局与牛首山双峰的呼应关系，通过观景台的方式，展示其山水格局，并进一步阐释南唐二陵对于六朝时南京城的中轴线的延续。规划也进一步将遗址博物馆拆分成遗址数字化复原展示馆和南唐文化馆两部分，数字化馆减小体量，置于展示流线前端，作为本体展示的组成部分；而南唐文化馆则远离本体，满足文化阐释功能需求。规划更进一步将考古事件结合场所环境设计，使得考古事件成为可观、可游的兴趣点，增加历史的维度。

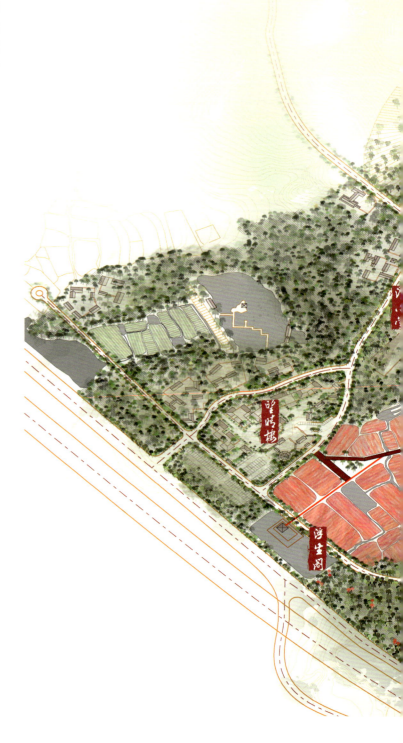

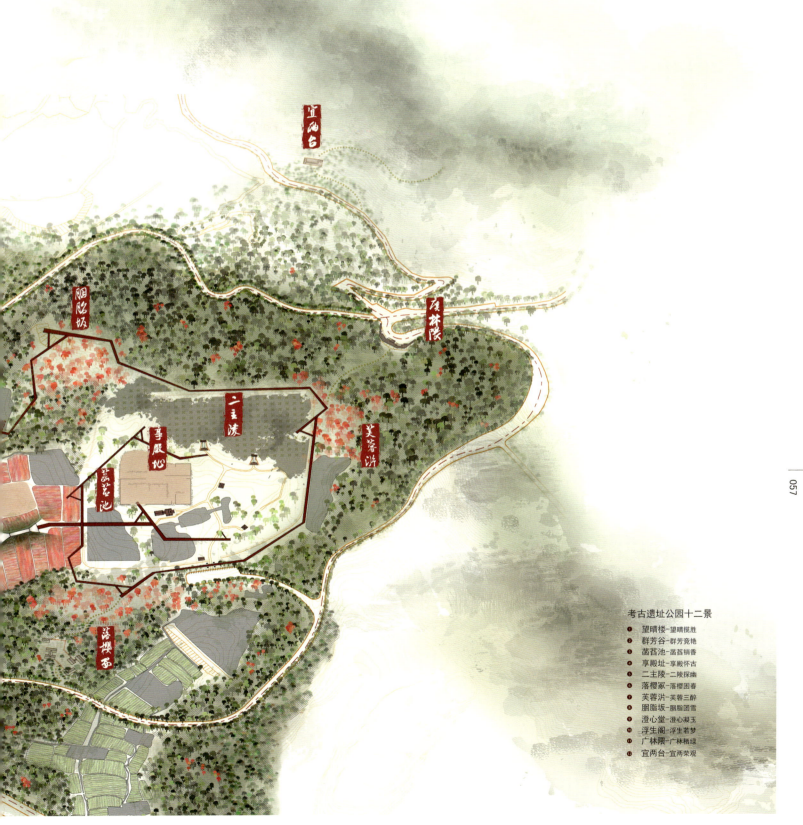

考古遗址公园十二景

1. 望晴楼-望晴揽胜
2. 群芳谷-群芳竞艳
3. 菡萏池-菡萏销香
4. 享殿址-享殿怀古
5. 二主陵-二陵探幽
6. 落樱冢-落樱困春
7. 芙蓉汧-芙蓉三醉
8. 胭脂坂-胭脂团雪
9. 澄心堂-澄心凝玉
10. 浮生阁-浮生若梦
11. 广林隈-广林栖绿
12. 宜两台-宜两荣观

山水格局

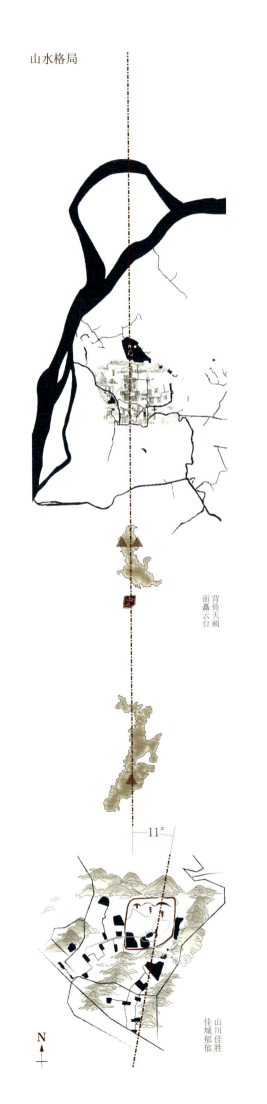

背倚天阙
面蠢云台

山川佳胜
佳城郁郁

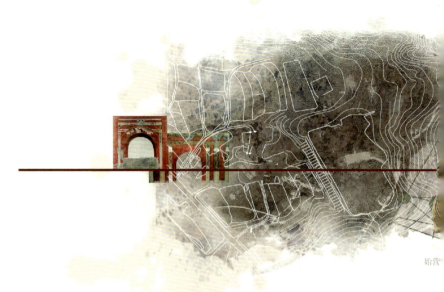

始营

遗存分布

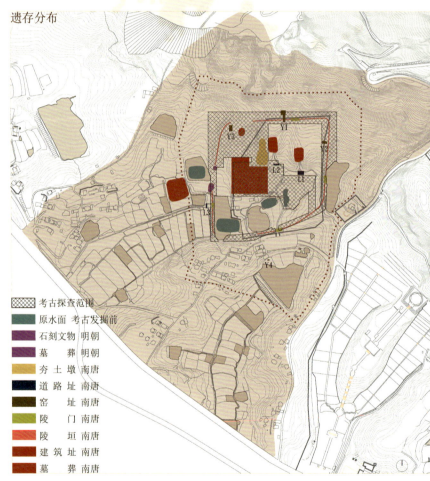

考古探查范围
原水面 考古发掘前
石刻文物 明朝
墓　　葬 明朝
夯 土 墩 南唐
道 路 址 南唐
窑　　址 南唐
陵　门 南唐
陵　垣 南唐
建 筑 址 南唐
墓　　葬 南唐

[展示方式
　本体]

本体展示　局部断面展示　构筑物展示　生态覆土展示　指示牌展示

[展示方式
　扩充]

文物陈列展示　数字化复原　文化展示　历史格局　考古事件

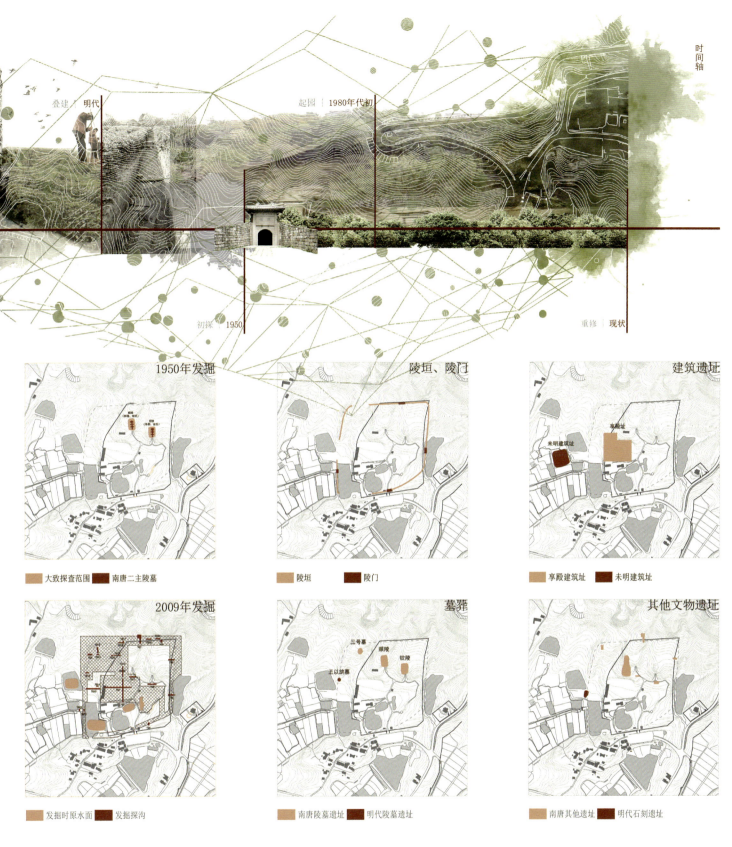

叠建｜明代　　起园｜1980年代初　　　　　　　　　时间轴

初探｜1950　　　　　　　　　　　　　重修｜现状

| 1950年发掘 | 陵垣、陵门 | 建筑遗址 |

■ 大致探查范围　■ 南唐二主陵墓　　■ 陵垣　■ 陵门　　■ 享殿建筑址　■ 未明建筑址

| 2009年发掘 | 墓葬 | 其他文物遗址 |

■ 发掘时原水面　■ 发掘探沟　　■ 南唐陵墓遗址　■ 明代陵墓遗址　　■ 南唐其他遗址　■ 明代石刻遗址

规划系统

紫色系统—遗址时代分层　　**橙色系统**—活动交通串联　　**蓝色系统**—水体自然循环　　**绿色系统**—植被指状围合

098 金陵大学旧址之汇文书院加固修缮
Reinforcement and Treatment Plan of Huiwen Academy in Jinling University Site, Nanjing, Jiangsu

100 国民政府主席官邸（美龄宫）修缮
The National Government President's Official Residence(Meiling Palace) Treatment Plan, Nanjing, Jiangsu

106 南京净觉寺大殿、二殿修缮
The Audience Hall and the Second Hall of Jingjue Mosque Treatment Plan, Nanjing, Jiangsu

110 常熟铁琴铜剑楼修缮
Tieqintongjian Library Treatment Plan, Changshu, Jiangsu

114 原国立中央博物院旧址修缮
The Original National Central Museum Site Treatment Plan, Nanjing, Jiangsu

118 常州青果巷文物保护单位及历史建筑修缮
Officially Protected Entitis and Historic Buildiugs in Qingguo Lane, Changzhou, Jiangsu

124 南京愚园园林设计
Yuyuan Garden Design, Nanjing, Jiangsu

130 常州大成一厂老厂房、求实园、刘国钧办公楼修缮
Treatment Plan of Old Workahop, Qiushi Garden and Liu Guojun Office Building in Dacheng NO.1 Textile Mill, Changzhou, Jiangsu

134 苏州山塘四期修建性设计
The 4th Phase of Shantang Street Restoration Plan, Suzhou, Jiangsu

138 南浔宜园、东园地块修复型设计
Reconstructional Design of Yiyuan and Dongyuan in Nanxun, Huzhou, Zhejiang

建筑遗产保护修缮设计

Treatment of Architectural Heritage

064　湖北十堰武当山玉虚宫修缮
　　Yuxu Temple of Wudang Mountain Treatment Plan, Shiyan, Hubei

068　苏州留园曲溪楼修缮
　　Zigzag Stream Tower of Lingering Garden Treatment Plan, Suzhou, Jiangsu

070　苏州瑞光塔修缮
　　Ruiguang Pagoda Treatment Plan, Suzhou, Jiangsu

074　南京甘熙宅第修缮
　　Gan Family Gompound Treatment Plan, Nanjing, Jiangsu

078　安徽马鞍山采石矶太白楼及李白纪念馆修缮
　　Taibai Pavilion and Memorial Hall to Li Bai of Caishiji, Ma'anshan, Anhui

082　无锡茂新面粉厂旧址修缮
　　Restoration Design of Maoxin Flour Mill, Wuxi, Jiangsu

084　无锡阿炳故居修缮
　　A Bing's Former Residence Treatment Plan, Wuxi, Jiangsu

086　广东深圳大鹏所城民居修缮
　　Local-Style Dwelling Houses of Roc City Treatment Plan, Shenzhen, Guangdong

090　绍兴大禹陵禹庙大殿保护修缮

建筑遗产保护修缮设计　Treatment of Architectural Heritage

玉虚宫是武当山最大的建筑群之一，建于明永乐年间，历经多次火灾、山洪等灾害，损坏严重，2001年被定为遗址类全国重点文物保护单位。2005年湖北省政府决定维修玉虚宫。此次修缮设计定位为既通过修缮解决现存的危害保护问题，又要保持玉虚宫作为遗址的基本废墟式特征，还要解决环境整治问题。经现场勘察发现此次修缮类型多样复杂，有保养维护工程、局部复原工程、抢险加固工程等，给设计的研究工作增加了难度，在碑亭屋顶和八字墙屋顶复原设计过程中大量研究明初建筑营造法，结合隆庆《武当山志》中的资料对照，经多次论证最终设计出较满意的成果，方案获得国家文物局批准。

在实施过程中严格要求施工单位按地方传统材料、传统工艺实施，施工时依据要求对彩画做了专项设计方案并单独申报获得国家文物局的批准。

世界文化遗产

苏州留园曲溪楼修缮
Zigzag Stream Tower of Lingering Garden Treatment Plan, Suzhou, Jiangsu

项目负责人　朱光亚
参 与 人 员　姚舒然　淳　庆
项 目 规 模　150平方米
项 目 时 间　2007—2010年

曲溪楼是苏州留园中的一座临水建筑。留园始建于明代，坐落于苏州古城西侧，现有的园林建筑以清代风格为主，约有面积2.3公顷。1997年留园与拙政园、网师园和环秀山庄等作为苏州园林的杰出代表同列入《世界文化遗产名录》。曲溪楼始建于清嘉庆初年，时名为"寻真阁"，光绪年间，因其前临曲水改名为"曲溪楼"。1953年整修留园时曾对曲溪楼进行落架大修，后一直维持至修缮前未作更改。

曲溪楼近池的地基土壤逐年流失松散，导致地坪不均匀沉降，引起木柱倾斜，局部墙体歪闪，二层屋架的梁柱节点出现脱榫等破坏现象。同时由于屋架用料随意，部分梁桁直径过小，梁桁底有较大通长裂缝。再者曲溪楼屋面局部雨水渗漏，墙体及部分木构件腐朽。因此，结构失稳和构件腐烂是曲溪楼面临的影响其寿命和安全的最大两个问题。

针对以上问题，对曲溪楼实行了揭顶不落架的大修。通过往基土里击打石钉的方法来解决基土承载力不足的问题，对沉降的木柱采用神仙葫芦提升，对倾斜的木构架打牮拨正，并使用铁件和暗销加固构架节点。使用结构胶和碳素纤维布提高有较大裂缝的梁桁的承载力。切除木构件的腐烂部分，使用与原柱材质特征相同的旧木料进行墩接。局部拆除重砌歪闪和碱化严重的墙体。并请专人详细记录修缮前准备工作及施工过程，形成了一份约有千余张照片、全程记录修缮过程的数字影像资料，这些资料和修缮设计文本一并归入修缮档案。

全国重点文物保护单位
苏州瑞光塔修缮

Ruiguang Pagoda Treatment Plan, Suzhou, Jiangsu

项目负责人 潘谷西
参与人员 朱光亚　沈忠人　周广森
项目规模 600 平方米
项目时间 1983 年

瑞光塔是位于苏州盘门内的一座宋代古塔。始建于247年（东吴孙权赤乌十年），13层。宋代大中祥符年间（1008—1016）重建时改为7层8面，高约43米。

底层塔心的"永定柱"作法，在现存古建筑中尚属罕见，从而为研究宋《营造法式》提供了实物依据。瑞光寺塔建造精巧，造型优美，用材讲究，宝藏丰富，是宋代南方砖木混合结构楼阁式仿木塔比较成熟的代表作，是研究此类古塔演变发展及建筑技术的重要实例。

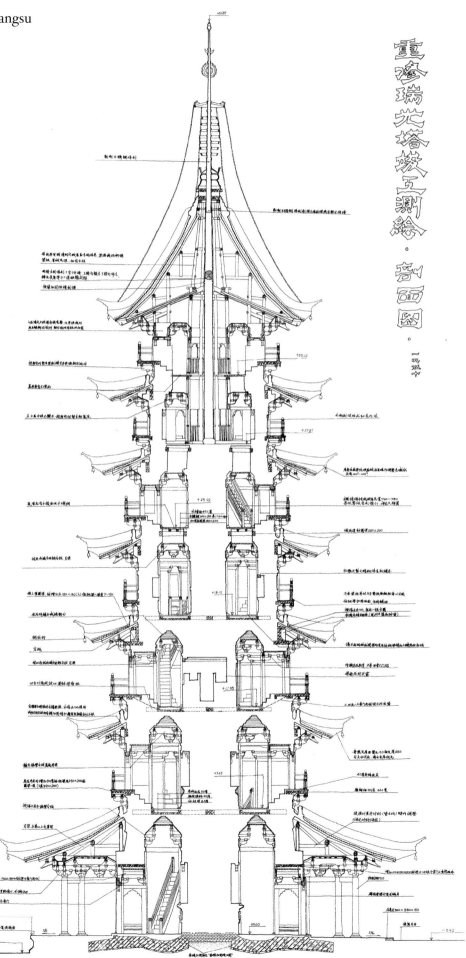

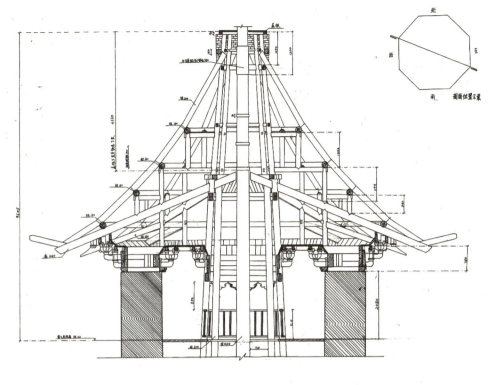
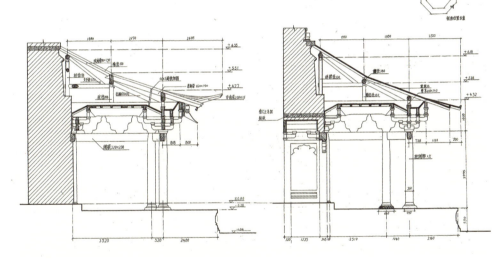

全国重点文物保护单位
南京甘熙宅第修缮
Gan Family Gompound Treatment Plan, Nanjing, Jiangsu

项目负责人 朱光亚
参与人员 乐 志 陈建刚 顾 凯 淳 庆
项目规模 5 000 平方米
项目时间 2002—2006 年

甘熙宅第又名"甘家大院""九十九间半",位于南京市南捕厅15、17、19号和大板巷42、46号,甘熙故居始建于清嘉庆年间,为甘熙之父甘福在其南捕厅的旧宅基础上建造,堂号"友恭堂"。后经甘熙等续建,保存至今,极为难得。1982年甘熙宅第被列为南京市文物保护单位,1995年被公布为江苏省级文物保护单位,2006年5月升为全国重点文物保护单位,并被重新命名为"甘熙宅第",成为我国目前大中型城市中规模较大、保存较完整的民居巨宅。

2002年南京市政府在建设部历史名城专项基金的资助支持下,投入1 500万元搬迁南捕厅住户并开始了大规模的保护与整治工程,东南大学建筑设计研究院承担了一期工程中的南捕厅15号、17号的修缮设计任务,一期已经于2004年完成,并作为南京市民俗博物馆对外开放。该工程一期的设计已经江苏省文物局批准,工程完工后获江苏省文物局的优秀设计奖,本次二期工程是一期工程的延续。2006年6月江苏省文物局同意南京市关于南捕厅历史街区传统民居保护二期工程立项的请示,并要求二期方案由江苏省文物局审核后报国家文物局审批。

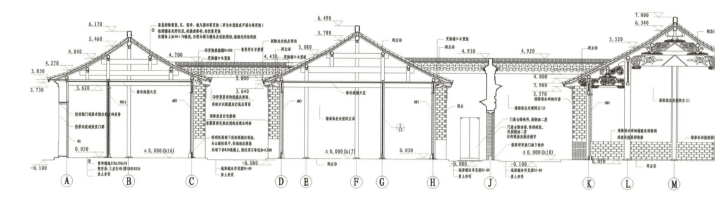

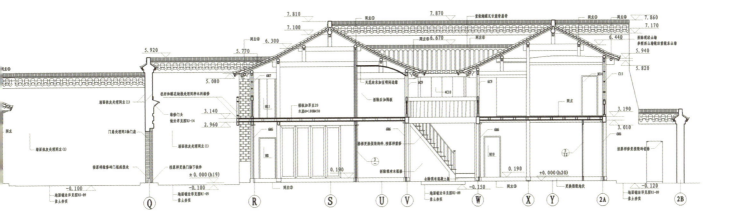

全国重点文物保护单位

安徽马鞍山采石矶太白楼及李白纪念馆修缮
Taibai Pavilion and Memorial Hall to Li Bai of Caishiji, Ma'anshan, Anhui

项目负责人 朱光亚
参 与 人 员 顾 效 陈建刚 俞海洋 淳 庆 王颖铭 龚增谷 吴 雁
项 目 规 模 2410平方米
项 目 时 间 2005—2006年

太白楼及李白纪念馆建筑群位于马鞍山采石矶风景区内。其中，太白楼是省级文物保护单位。因太白楼本体及其附属建筑损坏处颇多，2003年11月8日，朱光亚教授应采石矶风景区管委会的邀请，对该建筑群的状况做了全面的踏勘和检查，得出损坏状态的初步评定，并提出合理可行的修缮建议及工作程序。

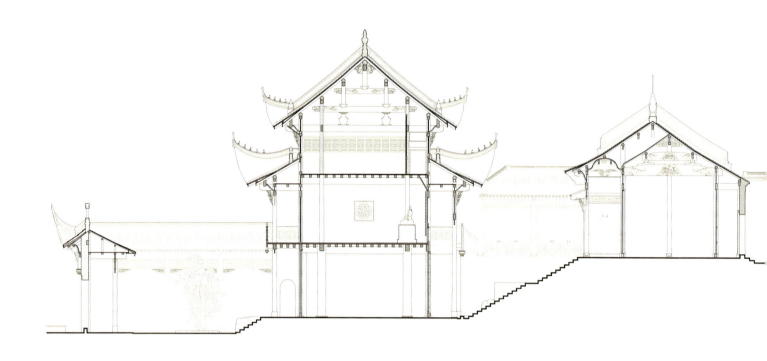

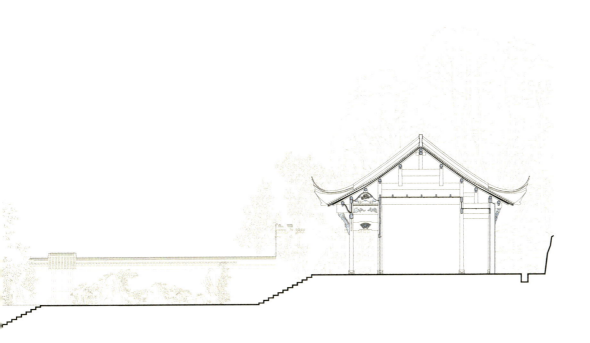

全国重点文物保护单位
无锡茂新面粉厂旧址修缮
Restoration Design of Maoxin Flour Mill, Wuxi, Jiangsu

项目负责人 朱光亚　胡　石
参 与 人 员 俞海洋　蔡凯臻　淳　庆　吴　雁
项目规模 4 200 平方米
项目时间 2004—2006 年

茂新面粉厂由中国著名民族工商业家荣宗敬、荣德生兄弟创办于1900年，作为中国民族工商业最早的企业之一，是无锡市重要的工业遗产，其中重建于1940年代的主体建筑，作为这段历史的重要物质表现在1998年被确定为江苏省文物保护单位。

针对茂新面粉厂而言，其濒临运河的建筑区位环境，独特的砖、钢、木混合结构的主体建筑，美丽的清水红砖砌筑的墙体形态及内部完整遗存的传统面粉生产设备通过评估被认为具有更为重要的意义，并据此确定了保护修缮的原则，即以本体保护为主，通过局部修缮更新，在保有主体建筑的传统面貌的基础上，改造为专业博物馆，通过对原有空间的梳理、拓展和新的组织方式，将原有的生产空间转变为满足传统面粉生产流水线、近代民族工商业相关文物、图片，以及原有建筑本体的展陈展示场所。

全国重点文物保护单位
无锡阿炳故居修缮
A Bing's Former Residence Treatment Plan, Wuxi, Jiangsu

项目负责人 朱光亚 胡 石
参 与 人 员 乐 志 淳 庆
项 目 规 模 300平方米
项 目 时 间 2005—2007年

阿炳故居为我国著名民族音乐家华彦钧的故居，位于无锡市崇安区图书馆路30号，为单层砖木结构，坡屋面。修缮不落架，不重做构件，不重新粉刷，只做必要的屋面构件的更换维修及小的修补，尽可能保留残破的现状以便展现阿炳晚年凄惨的生活状态。

修缮决定对墙体进行整体加固，在确保结构安全的前提下，留存原有木构体系保存不做修缮，保存原墙体和粉刷，残破可以不补，刻意外墙的斑驳痕迹。为此，采用由意大利Lizzi博士在1952年开发的注浆绑结加固的方法，先在室内墙体上取孔注浆，自下而上，分层进行，注浆完毕后再绑结插筋，使墙体形成一个整体共同工作。

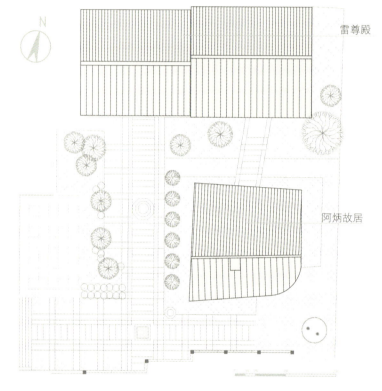

全国重点文物保护单位
广东深圳大鹏所城民居修缮
Local-Style Dwelling Houses of Roc City Treatment Plan, Shenzhen, Guangdong

项目负责人 朱光亚
参与人员 张轶群　陈建刚　高宜生　姚舒然
项目规模 2700平方米
项目时间 2005—2008年

通过本设计完成修缮，充分保留民居的历史信息，保证民居的安全，保护好整体环境气氛，并为合理与适当地利用这一建筑遗产创造条件，为新世纪大鹏所城在深圳市的产业结构调整中发挥作用创造条件。

修缮整体设想：1.有效保护：通过修缮维持建筑结构可靠，保障使用安全，十年内不再大修；2.合理利用：本修缮设计对这几处民居均提出相容性功能，待规划成果完成后对使用功能再具体化；3.整体性：保护好整个建筑群的格局，保护和恢复原有的环境气氛。

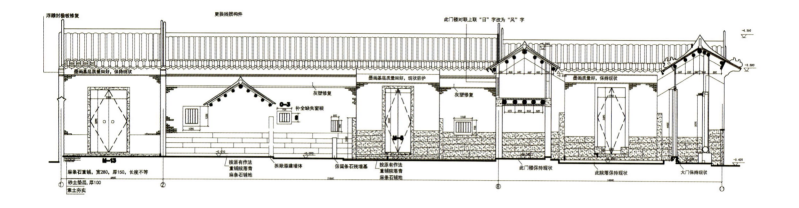

1 赖氏祖屋
2 赖信扬将军第
3 李氏大屋
4 赖信扬将军第
5 赖英扬将军第
6 刘起龙将军第
7 梁氏大屋
8 郑氏司马第

全国重点文物保护单位
绍兴大禹陵禹庙大殿保护修缮
Main Hall of Yu Temple Treatment Plan in Great Yu Mausoleum, Shaoxing, Zhejiang

项目负责人　胡　石　淳　庆
参 与 人 员　许若菲　周　淼
项 目 规 模　500平方米
项 目 时 间　2009—2012年

大禹陵位于浙江省绍兴城东南会稽山麓，是我国古代治水英雄大禹葬地。大禹陵区由禹陵、禹庙、禹祠三大部分组成。禹庙在大禹陵的北侧。《水经注》记载："会稽山有禹庙，大禹东巡，崩于会稽，因葬其地。"大禹庙始建于1400多年前的南朝梁初，中祀夏禹。禹王庙建成以来屡有兴废，现存禹王庙，基本保留了明代建筑规模和清代早期的建筑风格。庙内藏有唐、明、清各代重修禹庙、禹陵及祭祀大禹等内容的碑刻。殿宇雄伟壮丽，殿外群山逶迤，碧纱笼罩，气象森然。1961年公布为浙江省文物保护单位，1988年又公布为全国文物保护单位。大殿是整个禹庙建筑群的最高建筑物，曾于1929年倒塌，现存大殿系民国二十二年(1933)以钢筋混凝土仿清初木构建筑形式重建。殿高24米，面阔23.96米，进深21.55米，重檐歇山顶，建筑面积500余平方米。

绍兴市文物局近期对禹庙建筑群进行了系列的保护修复工程，木构午门和拜殿已在近期先行进行了修缮，大殿的修缮亦为此次修缮工程中的重要环节。大殿为近代为数不多的保存完整的混凝土仿木构建筑，具有重要的历史价值，虽然混凝土建筑加固及寿命延续再利用的技术相对成熟，但对于此类所有构件仿木构并露明装饰的混凝土建筑，如何在保证结构安全性和寿命延续的情况下，尽可能保存传统的工艺和形制信息难度较大。

全国重点文物保护单位
泰顺文兴桥修缮
Treatment Plan of Wenxing Bridge, Taishun, Zhejiang

项目负责人 胡 石
参与人员 周 淼 淳 庆 刘 妍
项目规模 400平方米
项目时间 2009—2012年

文兴桥是著名的"扯桥",位于泰顺县筱村镇,横跨玉溪之上。文兴桥建于清咸丰七年(1857),"民国"十九年(1930)重修,1989—1990年再次进行加固,2006年被列为全国重点文物保护单位。

文兴桥采用典型的浙闽山区编梁木拱廊桥结构形式。两侧将军柱间距30米,属中型木拱廊桥规模。文兴桥主要由台基、桥体、廊屋三部分组成。桥体分为拱架结构和桥板苗结构,拱架结构由三节苗系统和五节苗系统组成。

"扯桥"不对称的形态是桥体累积变形所致。桥身倾斜明显,东侧下沉变形,西侧顶升变形。两侧高差约189厘米。文兴桥修缮工程属于落架大修方案。

照片由泰顺县文保所提供

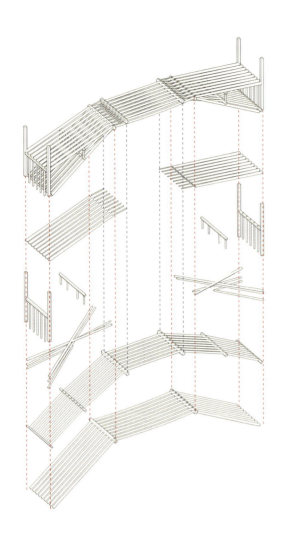
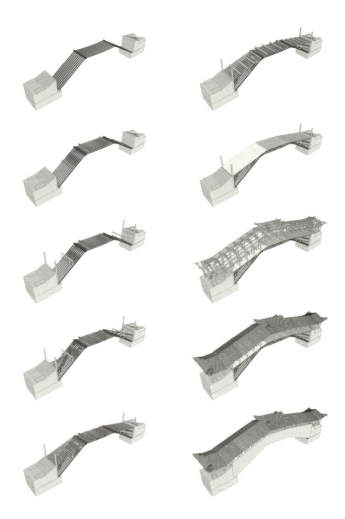

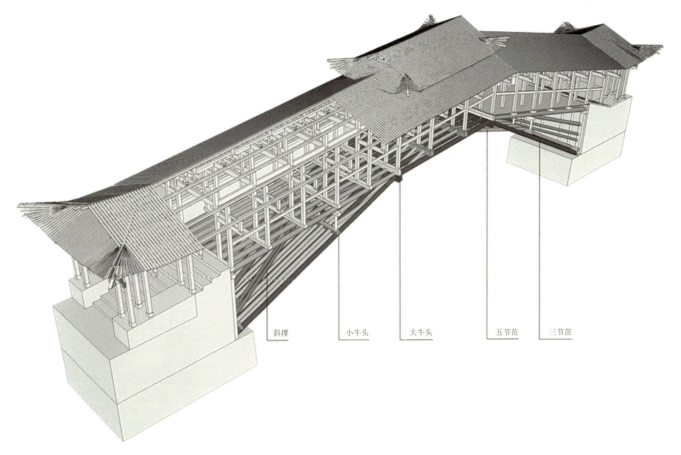

| 斜撑 | 小牛头 | 大牛头 | 五节苗 | 三节苗 |

全国重点文物保护单位

金陵大学旧址之汇文书院加固修缮

Reinforcement and Treatment Plan of Huiwen Academy in Jinling University Site, Nanjing, Jiangsu

项目负责人 朱光亚　淳　庆
参与人员 俞海洋　赵　元　罗振宁　罗汉新
项目规模 921平方米
项目时间 2009—2012年

金陵大学旧址之汇文书院（现为金陵中学钟楼）建于1888年，是全国重点文物保护单位，属于美国殖民期的建筑风格，钟楼整体对称，平面为长方形，东西稍长，南北向为短内廊式建筑布局，南北均有入口和门廊，建筑物主体共三层。钟楼使用至修缮前，损坏较为明显，存在较多安全隐患。结构安全性检测鉴定后确定该建筑的安全性等级为Csu，部分墙段受压承载力和抗震承载力不满足设计要求，基础整体性相对较差，跨度大于等于6.8米的木搁栅需要进行加固处理，腐朽严重的木构件需要进行更换，尤其是三层和四层钟楼部分，由于层间刚度发生突变，在地震时容易应鞭梢效应导致严重破坏。

全国重点文物保护单位
国民政府主席官邸（美龄宫）修缮
The National Government President's Official Residence(Meiling Palace) Treatment Plan, Nanjing, Jiangsu

项目负责人 朱光亚　穆保岗
参 与 人 员 陈建刚　杨红波　纪立芳　贺海涛　叶　飞
项 目 规 模 2 800 平方米
项 目 时 间 2011—2012 年

国民政府主席官邸建于1934年，因自然、人为原因，建筑存在多种损坏现象，经过国家文物局批准后开始对建筑进行修缮。

此次国民政府主席官邸修缮主要特点为：

1. 新老技术并进。主要体现在钢门窗、室外地面、室内地面等方面，此次在钢门窗的保护方面修补损坏的构件时采用焊接、螺栓连接、粘接等各种方法，最终使得历史信息得到尽可能地保留。地面修缮也是此次修缮中的一大亮点。

2. 彩画的重新绘制。初建时的彩画几乎不存，修缮前的彩画都为后人几次重新绘制，而且大量使用丙烯颜料，此次修缮改用原来的矿物颜料，并贴金箔，修缮完后建筑更显精神。

3. 结构加固采用线状加固。在修缮时为了不再给受力构件增加荷载，对梁、楼板加固时采用窄钢板粘接的方式加固，在加固时还去掉后人增加的水箱等，通过计算最终建筑的荷载没有增加，各受力构件的荷载满足材料本身的承载力。

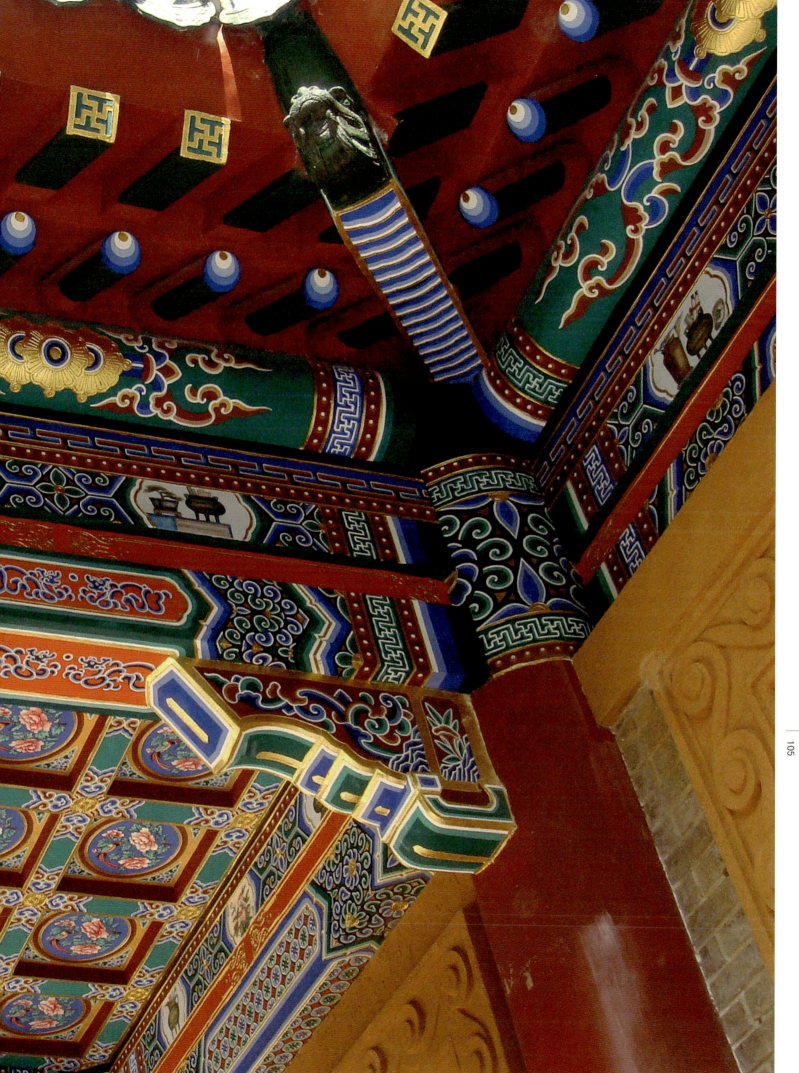

江苏省文物保护单位
南京净觉寺大殿、二殿修缮
The Audience Hall and the Second Hall of Jingjue Mosque Treatment Plan, Nanjing, Jiangsu

项目负责人 朱光亚
参 与 人 员 姚舒然 都 荧 淳 庆
项 目 规 模 630 平方米
项 目 时 间 2005—2007 年

本次修缮施工设计对象为南京净觉寺大殿和二殿建筑修缮及寺庙环境整治。净觉寺为始建于明代初期的清真寺庙，现存格局与主体建筑为清末年间所建。2002年公布为第五批江苏省文物保护单位。最近维修时间为1980年代初。本次修缮旨在通过抬升净觉寺院落和建筑地面来杜绝因周边城市道路升高带来的潮湿、排水不畅等问题，并修缮大殿、二殿受损建筑构件，整饬院落环境。

江苏省文物保护单位
常熟铁琴铜剑楼修缮
Tieqintongjian Library Treatment Plan, Changshu, Jiangsu

项目负责人　朱光亚
参与人员　　顾效淳　庆罗振宁　赵　元　钱　钰　杨　莹
项目规模　　1475 平方米
项目时间　　2006 年

瞿氏藏书楼——"铁琴铜剑楼"位于常熟市古里镇集镇区,原为瞿氏老宅,同治年间因藏有铁琴铜剑各一把,故更名为铁琴铜剑楼。该藏书楼为清代江南四大藏书楼之翘楚,传承五世,历时150余年,避厄完璧,化私为公,是吴地私家藏书的文化载体。

藏书楼现存三、四进,坐北朝南,其余尽毁,2006年被评为省级文物保护单位。

2006年9月东南大学建筑设计研究院正式受委托,承担铁琴铜剑楼地块设计任务,对现存藏书楼进行修缮,并复原设计瞿宅中路建筑及后花园。

江苏省文物保护单位
原国立中央博物院旧址修缮
The Original National Central Museum Site Treatment Plan, Nanjing, Jiangsu

项目负责人　朱光亚
参 与 人 员　李练英　胡　石　许若菲　纪立芳
项目规模　5 000 平方米
项目时间　2010—2014 年

位于南京市中山东路的南京博物院老大殿是第四批江苏省文物保护单位，为民国建筑师徐敬直设计的仿辽式建筑，采用钢筋混凝土框架结构（局部采用钢桁架）建造，细部装修采纳唐宋遗存风格，为当时采用新结构、新材料建造的仿古建筑。根据南京博物院二期建设计划，对老大殿进行保护性维修改造，加固抗震和整体抬升3米，功能也做一定的调整。老大殿在作为南京博物院的标志性建筑的同时也处于持续的日常使用过程，迄今，老大殿及东西厢房已经度过了70多年的时间，烙下了岁月带来的各种沧桑痕迹。

江苏省、常州市文物保护单位

常州青果巷文物保护单位及历史建筑修缮

Officially Protected Entitis and Historic Buildiugs in Qingguo Lane, Changzhou, Jiangsu

项目负责人 胡 石
参与人员 高琛 唐静寅 顾效 戴薇薇 邓峰 陈建刚
　　　　　 梁仁杰 赵晋伟 刘济阳 叶飞 陈瑜
项目规模 45 000平方米
项目时间 2013年至今

青果巷规划深化设计基于东南大学规划设计院编制的《青果巷历史文化街区保护规划》而作。以"江南名士第一街"为出发点，深入发掘青果巷悠久历史中的丰富遗存、名人文化，加强文化特征对遗存修缮、功能更新、区域组织的指导作用。

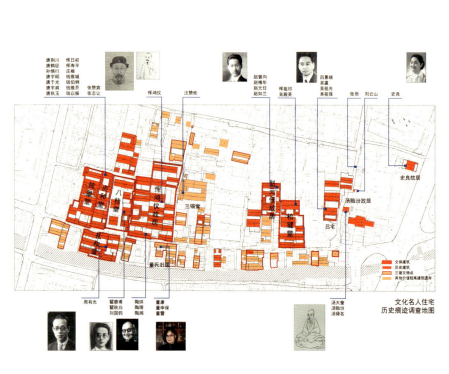

文化名人住宅历史痕迹调查地图

景观规划街区鸟瞰图

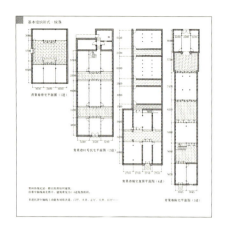

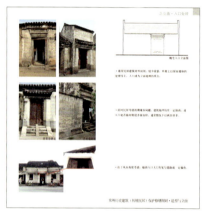
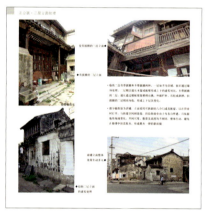

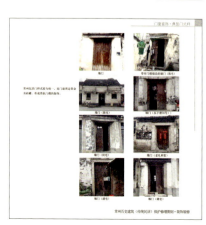

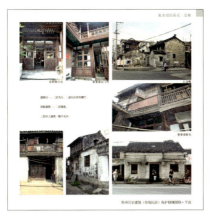

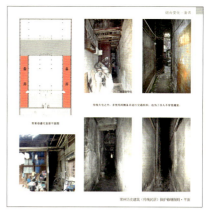

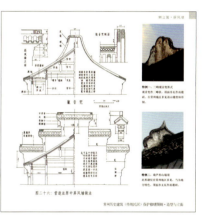

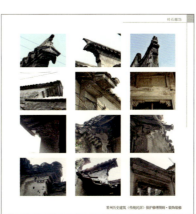

南京市文物保护单位
南京愚园园林设计
Yuyuan Garden Design, Nanjing, Jiangsu

项目负责人　陈　薇
规 划 设 计　陈　薇　王建国　是　霏　杨　俊
建 筑 设 计　陈　薇　高　琛　胡　石　顾效都　荣　戴薇薇　冯耀祖
景 观 设 计　陈　薇　杨　舜　陶　敏　杨冬辉　伍清辉　许　杨
建 筑 结 构　梁沙河　孙　逊
水 电 设 备　赵　元　罗振宁
项 目 规 模　3.45 公顷
项 目 时 间　2009—2012 年

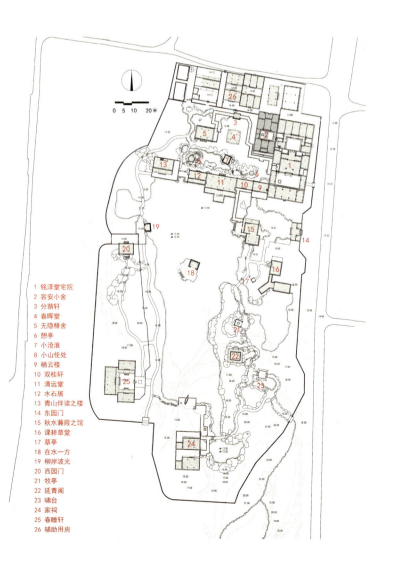

1 铭泽堂宅院
2 容安小舍
3 分荫轩
4 春晖堂
5 无隐精舍
6 憩亭
7 小沧浪
8 小山佳处
9 栖云楼
10 双柱轩
11 清远堂
12 水石居
13 青山伴读之楼
14 东园门
15 秋水兼葭之馆
16 课耕草堂
17 草亭
18 在水一方
19 柳岸波光
20 西园门
21 牧亭
22 延青阁
23 啸台
24 家祠
25 春睡轩
26 辅助用房

南京的名园之一愚园近年启动了修复和重建，该工程由东南大学建筑学院陈薇教授主持。至此，童寯先生在《江南园林志》中提到的四大名园已恢复有三（其余两个一为瞻园，另一为总统府煦园）。

愚园位于南京中华门内西隅，为清晚期南京重要的私家园林，在江南园林中有较大影响。1982年9月，被公布为南京市第一批文物保护单位。修缮复原设计的原则是以历史文献和实物遗存为依据，充分利用愚园遗存和山水格局，进行对比研究，将愚园保护和复原设计有效结合起来，坚持原材料、原尺寸、原工艺原则，保护文物建筑的建筑风格和特点。复原后的愚园保留全部历史建筑，恢复湖面规模和形态，保持山丘现有自然状态，主体部分恢复到光绪年间愚园盛期的状态，总占地达3.45公顷，总建筑面积4 120平方米，真实再现《白下愚园集》和《白下愚园游记》中描绘的愚园三十六景。对保留历史建筑进行修缮，如铭泽堂、容安小舍、清远堂、无隐精舍、家祠；复原建筑亦采用传统园林建筑形式，体现传统园林的意境与韵味，如小沧浪、小山佳处、水石居、青山伴读之楼、秋水兼葭之馆、课耕草堂、在水一方、柳岸波光、延青阁、春睡轩等。整个园林分为内、外两园：外园以自然山水为主；内园实际上是园中园。外、内两园的建筑以疏密形成了强烈的对比。

复原后的愚园成为南京目前最大的古典私家园林，丰富了老城城南的文化生活，改善了门西老城环境，展示了南京老城的文化特色。

常州市文物保护单位

常州大成一厂老厂房、求实园、刘国钧办公楼修缮

Treatment Plan of Old Workahop, Qiushi Garden and Liu Guojun Office Building in Dacheng NO.1 Textile Mill, Changzhou, Jiangsu

项目负责人 朱光亚　杨东辉
参 与 人 员 俞海洋　淳　庆　赵　元　罗振宁
项 目 规 模 6 622平方米
项 目 时 间 2010—2011年

大成一厂老厂房、求实园、刘国钧办公楼坐落在常州市大南门外德安桥堍，地处古运河畔，位于和平南路25号，在原国营常州第一棉纺织厂内。三处建筑面积约3 040平方米，求实园园林占地面积3 582平方米。本工程涉及建筑建于20世纪三四十年代。求实园内亭台楼阁，小桥流水，典型江南园林布局，为企业内部园林。老厂房、刘国钧办公楼均位于厂旧址东端，南北相连，青砖所砌，办公楼为二层小楼，以便观察当时整个厂房活动。2008年2月26日被常州市人民政府列为市级文物保护单位。

赖坤祺摄

赖坤祺摄

经安全鉴定和现场勘察，该建筑结构超过设计使用年限，如承重墙体、混凝土构件、楼板、木屋架等结构性能下降。砖块表面风化，防水层失效漏水，混凝土碳化导致内部钢筋锈蚀等。当时尚未考虑抗震设防要求，结构整体性相对较差。使用过程中所做的改造，破坏了历史原状。日常维护不到位引起屋面瓦面长青苔，天沟内积存落叶，落水管淤塞脱落等。

大成一厂老厂房、求实园、刘国钧办公楼项目属于修缮工程，系指为保护文物本体所必需的结构加固处理和维修，包括结合结构加固而进行的局部复原工程。在结构方面，对基础、墙体、混凝土柱梁板、砖砌弧拱、木楼面、木屋架等修缮加固，增强了结构整体性和安全性。建筑构件方面的修缮包括屋面、墙面、门窗、地面等处，并对环境做出整治，改善了消防设施、水电、防雷系统。

苏州山塘四期修建性设计
The 4th Phase of Shantang Street Restoration Plan, Suzhou, Jiangsu

项目负责人 朱光亚
参与人员 胡 石　宋剑青　许若菲　戴薇薇　汤晔铮
　　　　　　陈建刚　徐进亮　盛 艳　戎卿文
项目规模 23.5公顷
项目时间 2014—2015年

项目位于苏州山塘历史文化街区四期段落，靠近虎丘，具有与苏州城内迥异的郊野景观特征。在对街区现状进行详细调查的基础上，本次设计对街区控规进行深化与调整，进一步梳理保护对象，扩大保护力度，明确保护措施，优化区内交通与基础设施配置，将街区定位为以历史文化积淀为依托，保持居住体验为主，兼容多种休闲娱乐游览活动的多功能复合综合体验区。

康熙南巡图（清·焦秉贞）

中心山塘

虎丘塔

虎丘山门

斟酌桥

五人墓

整治修缮效果图

绿水桥　　　　青山桥　　　　白公桥（已毁）　　　　野芳浜

世界遗产大运河
南浔宜园、东园地块修复型设计
Reconstructional Design of Yiyuan and Dongyuan in Nanxun, Huzhou, Zhejiang

项目负责人 朱光亚
参与人员 胡 石 顾 凯 陈建刚 许若菲 宋剑青 戴薇薇 和嗣佳
项目规模 3.6公顷
项目时间 2014年至今

宜园——俗称庞家花园，位于南浔镇东栅吊桥外，是近代著名书画鉴定家、收藏家、实业家、南浔"四象"之一庞云鏳之子庞元济（1864—1949年，字莱臣，号虚斋）的私家园林，与庞家住宅——承朴堂同在南浔东大街上，但两者相隔数百米。宜园坐北朝南，与光禄庞公祠一起共占地19.78亩。南临东大街；北至洗粉兜；西侧毗邻"东园"（又名"绿绕山庄"），仅一墙之隔，墙上设漏窗，图案精美，可以相互眺望；东侧未见记载，但从光绪戊申年（1908年）绘制的南浔镇图推测，应与城镇水道相邻。北侧与东侧似均未设围墙。

宜园始建于光绪二十五年（1899年），建在原鹿门旧址。1918年，庞元济在宜园入口东侧建光禄庞公祠，有门相连，使宜园成为族人祭祀之后的游憩场所。

东园——始建于清光绪十一年（1885年），也有说法认为是1903年以后。东园之地原为明嘉靖初年（1522年）张氏修筑的"东墅"旧址，故袭承"东墅"而得名。1937年年底，日军进入南浔镇后，东园部分建筑被焚毁，湖心亭及一些古木又在1950年代末被龙卷风所毁，西式洋楼在1970年代初因白蚁侵蚀濒临倒塌而被拆除。现仅存荷花池，部分区域被改建为民宅。

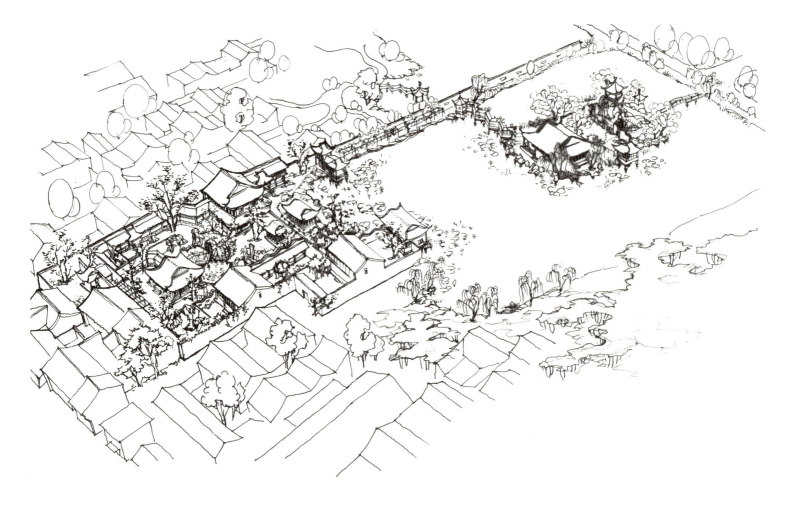

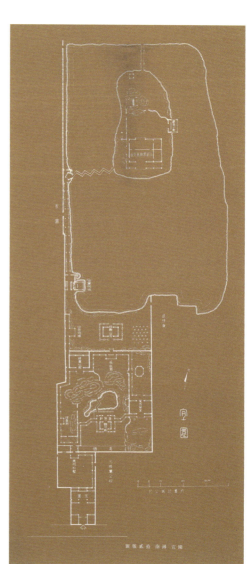

建筑遗产保护设施与环境设计

Protective Structure and Landscape Restoration of Architectural Heritage

146　绍兴印山越国王陵保护建筑
　　Protective Structure Design of Yinshan Yue Tomb, Shaoxing, Zhejiang

150　徐州龟山汉墓保护建筑
　　Protective Structure Design of Guishan Tomb in Guishan, Xuzhou, Jiangsu

156　泰州市南水门遗址保护
　　Protection of South-Water Site, Taizhou, Jiangsu

160　温州谯楼遗址保护建筑
　　Protective Structure Design of Watchtower Site, Wenzhou, Zhejiang

建筑遗产保护设施与环境设计
Protective Structure and Landscape Restoration of Architectural Heritage

全国重点文物保护单位
绍兴印山越国王陵保护建筑
Protective Structure Design of Yinshan Yue Tomb, Shaoxing, Zhejiang

项目负责人 朱光亚
参与人员 曹双寅 陈 易 杨 谦
项目规模 2 300平方米
项目时间 1999—2000年

印山大墓经1998年和1999年的考古发掘，初步证实为越国国君勾践之父允常之墓，2000年被评为十大考古发现，2001年被评为国家级文物保护单位。大墓墓室形制代表了早期的人字形的居住建筑。该项目属于遗址保护。如何最大限度地保护遗址，包括基础岩壁与夯土，是设计探讨的重点。同时配合木材保护，专家及甲方探讨如何永久性保护木构墓室也是设计遇到的难题。在这样的前提下，对公众开放，显示遗址的壮观与古代木构的奇特，并非易事，特别是处理好保护建筑与其保护内容的关系，也颇须斟酌。该设计力求简洁、合理，同时也以建筑手段对文物所处时代的文化积淀作了表达。建成后受到了国家文物局专家们的一致肯定。

全国重点文物保护单位
徐州龟山汉墓保护建筑
Protective Structure Design of Guishan Tomb in Guishan, Xuzhou, Jiangsu

项目负责人 朱光亚
参与人员 俞海洋 崔 明 孙卫华 薛永骥 龚曾谷 吴 雁
项目规模 1200平方米
项目时间 2006年

龟山汉墓入口保护建筑是全国重点文物保护单位徐州龟山汉墓保护工程一期的工程项目，该项目的目标是落实《龟山汉墓保护规划》中关于二号墓的保护工作，即拆除原入口建筑，结合揭示原来掩埋于地下二号墓的墓道，重建龟山汉墓入口保护建筑，因此这是一项文物保护设施工程。此项目获2008年国家文物局十佳文物保护工程与规划设计奖。

江苏省文物保护单位
泰州市南水门遗址保护
Protection of South-Water Site, Taizhou, Jiangsu

项目负责人 朱光亚
参与人员 徐永利 淳庆 陈建刚
项目规模 2016平方米
项目时间 2010—2013年

泰州市南水门遗址保护工程用地2 016平方米，地下建筑面积201平方米，加固面积256平方米。2010年3月开始保护方案设计，2013年9月通过文物部门组织的竣工验收。遗址采取原样保护模式，使水门早晚期各阶段技术工艺、现存状态均能得到有效保存和展示；主体加固区域包括遗址地基加固和遗址墙身（厢壁与摆手）。特定材料保护模式包括：遗址主体内原始夯土加固措施为锚杆拉结结合土坯砖维护，土坯砖喷涂防水水泥浆并定期维护；施工过程中擗石桩采用无色透明的传统生漆做防腐涂刷处理。遗址主体采用露天展示模式，强调城市空间历时性与共识性的并置；上覆玻璃平台，原有河道内重新注水，遗址区域内设计多条立体展示流线，全方位展示遗址原真状况与当下保护模式；为宣传培养文物保护意识，遗址南部结合设备用房设计一处半开敞地下展厅，以在竣工后展示水门机制、介绍历史文献和泰州城池水系的变迁。

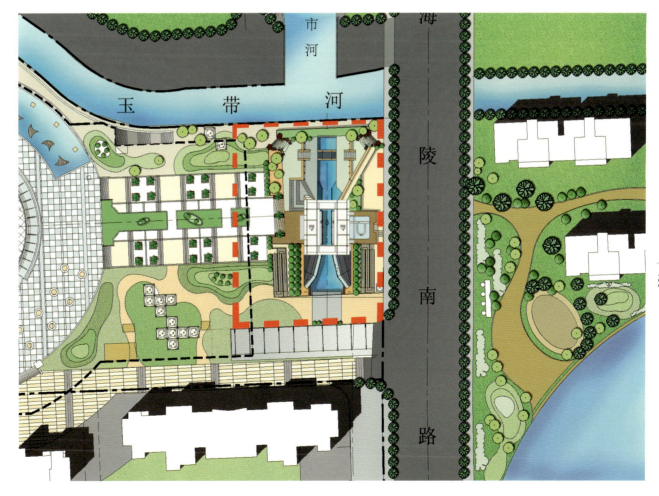

浙江省文物保护单位
温州谯楼遗址保护建筑
Protective Structure Design of Watchtower Site, Wenzhou, Zhejiang

项目负责人　朱光亚
参与人员　何嗣佳　陈建刚　赵　元　罗振宁　梁沙河　胥建华
项目规模　1400 平方米
项目时间　2013 至今

2013年8月至今，温州考古所对谯楼西侧原教育局办公楼旧址地块进行考古勘探，揭露了谯楼早期门址及项链的城垣遗迹，并发现一段晚期城垣遗迹。

温州谯楼及遗址位于公安路与鼓楼街交叉位置，雄踞内城南口。北面为州治旧址与谯楼相望。南面的五马街是温州最具有代表性的传统街道。

该遗址为温州市内考古挖掘最为重要的成果，不同年代叠压的遗迹客观反映着温州城的历史变迁，具有十分重要的意义。该遗址在谯楼旁，为早期的谯楼门洞遗址，与现存谯楼及东侧所保留的一段城墙工程构成一组文物群体。

216 善卷洞风景区扩建
Cao E Scenic Area in Shangyu, Shaoxing, Zhejiang
The Enlargement of Shanjuandong Scenic Area, Yixing, Jiangsu

222 义乌凤翔阁
Fengxiang Pavillion in Yiwu, Jinhua, Zhejiang

226 高淳游子阁
Youzi Pavillion in Gaochun, Nanjing, Jiangsu

230 安吉东升阁
Dongsheng Pavillion in Anji, Huzhou, Zhejiang

232 黄石东方山药师佛楼阁方案
The Scheme of the Medicine Buddha Pavillion in Eastern Mountain, Huangshi, Hubei

234 南通寿圣寺
Shousheng Temple, Nantong, Jiangsu

238 海门余东镇南城门复建
The Restruction of South Gate in Yudong Town, Haimen, Jiangsu

168 苏州博物馆墨戏堂
Moxitang in Suzhou Museum, Suzhou, Jiangsu

172 江宁织造府古建部分
Traditional Buildings of Jiangning Wearing Goverment, Nanjing, Jiangsu

176 苏州重元寺
Chongyuan Temple, Suzhou, Jiangsu

184 临沂书圣阁
Shusheng Pavilion, Linyi, Shandong

190 常州花博会雅集园
Yaji Garden in the 8th Chinese Flowers and Plants, Changzhou, Jiangsu

196 绍兴兰亭书法博物馆
Lanting Calligraphy Museum, Shaoxing, Zhejiang

202 淮安中国漕运博物馆

标志性景观与建筑设计　Landscape and Architecture Symbol

标志性景观与建筑设计　Landscape and Architecture Symbol

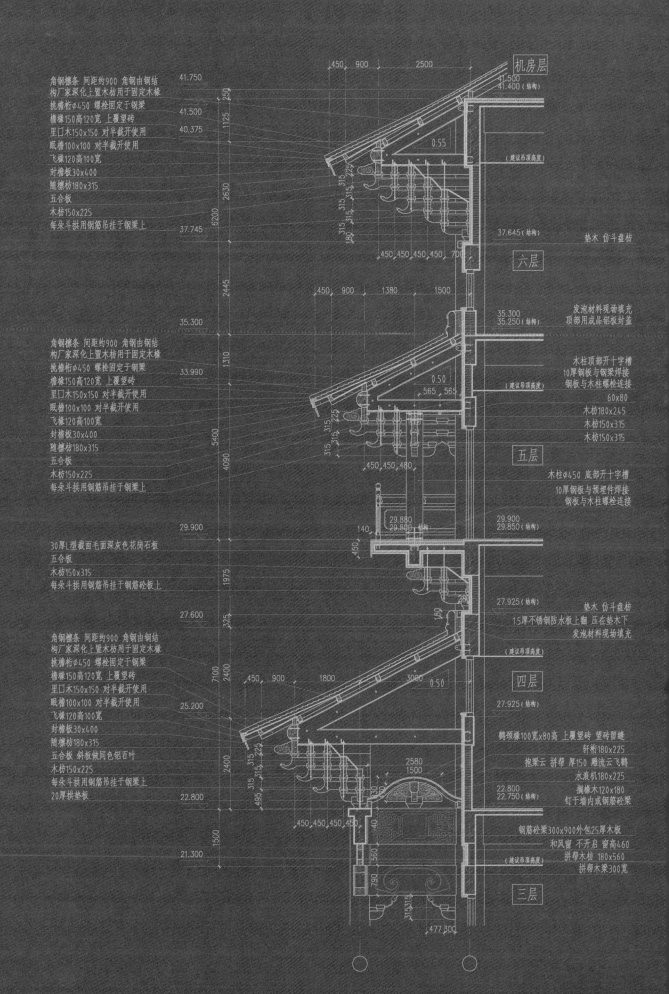

苏州博物馆墨戏堂
Moxitang in Suzhou Museum, Suzhou, Jiangsu

项目负责人 朱光亚
参 与 人 员 杨 慧　都 荧　李庆华
项 目 规 模 250平方米
项 目 时 间 2006年

宋画斋是东南大学应苏州博物院建筑总负责人贝聿铭先生要求，布置于苏州博物院中的庭院景观。建筑为全木构草顶建筑。

建筑与景观表现中国北宋时期精致古雅的审美特点，柱石木构少施斧作，加之茅草屋顶与庭院景观和家具，表现自然而质朴的园林意象。

江宁织造府古建部分
Traditional Buildings of Jiangning Wearing Goverment, Nanjing, Jiangsu

项目总负责人
古建部分负责人
参 与 人 员
项 目 规 模
项 目 时 间

2004年，南京市政府决定在城市中心地段的清代江宁织造府原址上建造一座现代博物馆。江宁织造府与《红楼梦》有密切关系，曹雪芹生于此，长于此，小说中的部分故事场景也源于此。因此，博物馆既要表现"老的"——江宁织造府，又要承载"新的"——红楼梦博物馆、曹雪芹博物馆和云锦博物馆。清华大学教授、工程院院士吴良镛先生及其团队历时5年多设计并建成这个博物馆。吴先生在设计中提出"核桃模式"和"盆景模式"，即以现代建筑为背景，衬托起一个城市园林，将南京"三山半落青天外，二水中分白鹭洲"的历史城市意象融入到建筑中。由此，在博物苑中形成完整的山水园林格局，其中分为三个层次：以楝亭与有凤来仪为主体的屋顶园林，以萱瑞堂为主体的地面园林，以及以青埂峰为主体的下沉广场园林。

这组山水园林中仿古建筑的单体设计与施工图绘制由东南大学朱光亚教授领衔的古建筑设计团队完成。对于古建筑和现代建筑结合的设计实践，我们考虑的是传统建筑如何继承和发展，既不简单地抄袭古人留下的古建资本，也不违背古建筑自身的营造逻辑。博物馆中的山水园林，还原的是一个印象，让观者通过传统元素产生新的认同感，认为这就是江宁织造府。这种独特性要营造恰当的形式风格以嵌入当时当地的审美需求。其中楝亭的风格和审美定位适当向苏州的园林建筑靠拢，以更接近人们心目中的大观园，并适应在织造府的优先空间中创造精美园林的场地条件。另外，结合当今的技术和工艺，改进传统工艺中的不足，来满足现代的功能、结构、防灾、节能等各方面要求。

照片引自《吴良镛选集》

朱光亚手绘

苏州重元寺
Chongyuan Temple, Suzhou, Jiangsu

项目负责人　朱光亚　杨德安　俞海洋
参与人员　章忠民　姚舒然　李练英　杨　莹　相　睿　朱穗敏　纪立芳　孟海港
　　　　　顾　效　徐　玫　周　玮　孙　潮　顾　燕　薛永骅　黄　明　朱筱俊
　　　　　薛　峰　赵　元　罗振宇　张云坤
项目规模　30 703 平方米
项目时间　2005—2007 年

恢复重建的重元寺位于苏州工业园区唯亭镇浅水湾。方案设计坚持继承佛教传统，遵循经典上有依据、历史上有传承、方便上有特色、艺术上有创意、功能上有感应等五项原则。水上观音院、重元禅院相互呼应，又与佛教文化景点相互配合，建成以关爱生命、度生护法为宗旨的佛教文化区，表现出莲花佛国的观音道场特色、万佛庄严的独特风貌。重元禅院按照佛教传统理念布局，并适应现代寺院的使用要求。

寺院中轴线南延经接引桥至水上观音院。该岛以观音阁为中心，内供奉33米观音主尊像。阁外围以环廊，廊配八殿，南北殿为门屋，余为显宗六观音化身殿，廊外设八瓣莲花池，池外为环形广场。广场外缘为莲花瓣状栏板，全岛如白莲浮于水上。

重元寺一期工程弥补了古城苏州城东缺少寺庙的空白，并已成为苏州工业园区一道重要的风景。

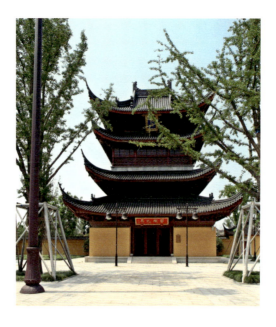

临沂书圣阁
Shusheng Pavilion, Linyi, Shandong

项目负责人 朱光亚　俞海洋
参与人员 孙　逊　赵　元　罗振宁　张本林　姚海棋等
项目规模 20511平方米
项目时间 2011—2012年

2011年，为在临沂有一处展现书圣王羲之风骨的建筑，临沂市委托我们设计书圣阁。该项目位于临沂市城区北部，祊河南岸，东南方向紧邻书法苑一期工程书法广场。在具有深厚文化底蕴的地域，设计追求风骨的建筑，当"以文为魂、以史为据"。

书圣阁离不开书圣书法的特征。"龙跳天门，虎卧凤阙"（梁武帝）、"潇洒纵横，何拘平正？"（宋代姜夔）、"飘若浮云，矫若惊龙"（《晋书·卷八十·王羲之》）、"清风出袖，明月入怀"等都是古人对王羲之的行草堪称绝妙的比喻。

书圣阁同样需要表现魏晋时期的建筑特征和意趣，如：檐口利用斗拱支撑或斜撑，造出檐深远的形象；屋脊多平直，脊端或翘起或伸出，类似之后的鸱尾形态；屋顶多有鸟形装饰，或凤凰或朱雀等等。这些特征反映了当时对浪漫飘逸的向往，而这种追求与王羲之书法特征吻合。

正是从王羲之书法中感受到魏晋时代特有的洒脱飘逸、浪漫自由启发了书圣阁的设计。书圣阁抛弃传统对称布局，高低错落。登顶眺望，即有"清风出袖，明月入怀"的感受。"不拘平正"的造型给结构设计带来了巨大的挑战，如顶层檐部出挑在角部近9米，西台飞跨上高台的曲廊跨度近40米等。

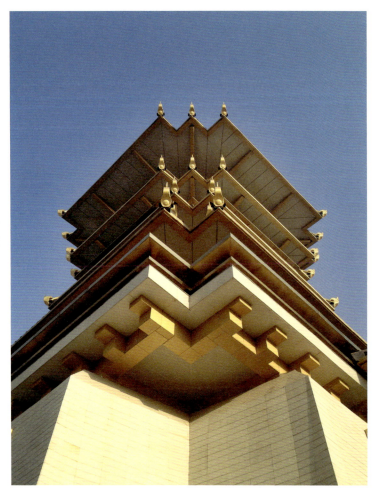

本图由临沂市园林局提供

在细节上,书圣阁所展现的文化内涵贴合临沂本土特色。2003年王羲之故居发掘出两座晋代砖室墓葬,书圣阁类似于金雀的脊兽造型就取自于出土文物"青铜神雀伏雏衔鱼熏炉"。瓦头上的图案选自于出土的鸟纹图案,柱子、梁头图案选自于收藏在临沂市博物馆里的《白庄宴饮画》等。

本图由临沂市园林局提供

常州花博会雅集园
Yaji Garden in the 8th Chinese Flowers and Plants, Changzhou, Jiangsu

项目负责人 朱光亚 胡 石
参 与 人 员 许若菲 杨红波 梁沙河 张本林 赵 元 罗振宁
　　　　　　　朱 坚 周 玮 雷 巍 陈建刚 王 乾 单红宁 方 洋
项 目 规 模 22 716平方米
项 目 时 间 2011—2013年

应第八届中国花卉博览会规划要求，常州武进西太湖畔，除沿游览动线设立了符合现代展陈要求的展馆外，东、南紧靠孟津河水系，湿地对岸，有一处为当代名士聚集的雅集之所——雅集园，并于展区中展现了常州武进特有的江南地域文化的建筑组群，此风格为花博会众建筑中孤例。

雅集园的构想，来源于历史上著名的西园雅集——相传于北宋期间举行的一场盛大的文人聚会，西园为北宋驸马都尉王诜之第，当代文人墨客多雅集于此。元丰初，王诜曾邀同苏轼、苏辙、黄庭坚、米芾、蔡肇、李之仪、李公麟、晁补之、张耒、秦观、刘泾、陈景元、王钦臣、郑嘉会、圆通大师（日本渡宋僧大江定基）十六人游园。米芾为记，李公麟作图二，一作于元丰初三诜家，一作于1086年（元祐元年）赵德麟家。从兰亭到西园雅集，到西泠印社，再至南社，历代文人墨客寄情于山水，怡情于园林。整个雅集园采用了江南古典建筑与现代建筑相结合的手法，在鳞次栉比的现代大型展馆及高层宾馆的映衬下别具地域特色。

园内的中心景观为一组假山石，将再现清代武进造园名人戈裕良"奇石胸中百万堆，时时出手见心裁"的高超叠石艺术。假山石南侧为一处开阔平台，向阳设置，以假山为背景，为观察"咫尺山水、城市山林"的好地点。其南侧为一大块水面，并曲折蜿蜒至各建筑院落中，主水景与各院落中水景隔而不断。围绕水面的为主要机动车道，沿其入口向内分别设置了刘海粟夏伊乔艺术馆、陈履生艺术馆、刘大为中国画创作基地等馆。

纵观历史，苏轼曾流连于西太湖周边，买田阳羡、和桥、塘里等地，并终老于常州，故曾留下与之相关的很多诗词歌赋，根据这些曾经的生活轨迹及点滴感悟，将苏轼与常州结缘的景点再现，逐一设置了如下景点：洗砚池、够爬桥、舣舟亭、藤花馆、海棠苑、香泉亭、玉带桥、苏墅桥、墨香榭、天远堂、佛印斋、阳羡居、牡丹馆、葡萄亭、松下听琴、题名树石、竹林修禅、评鉴今古、小池清流、远岫高松、竹篱屋舍等处。斯人已去犹忆影！

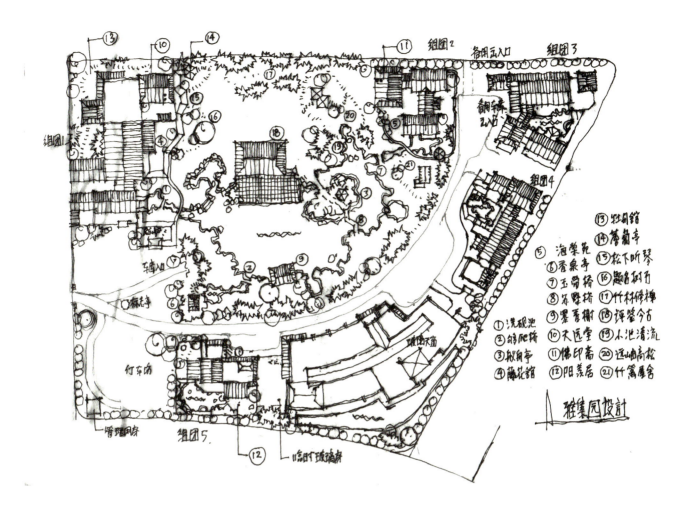

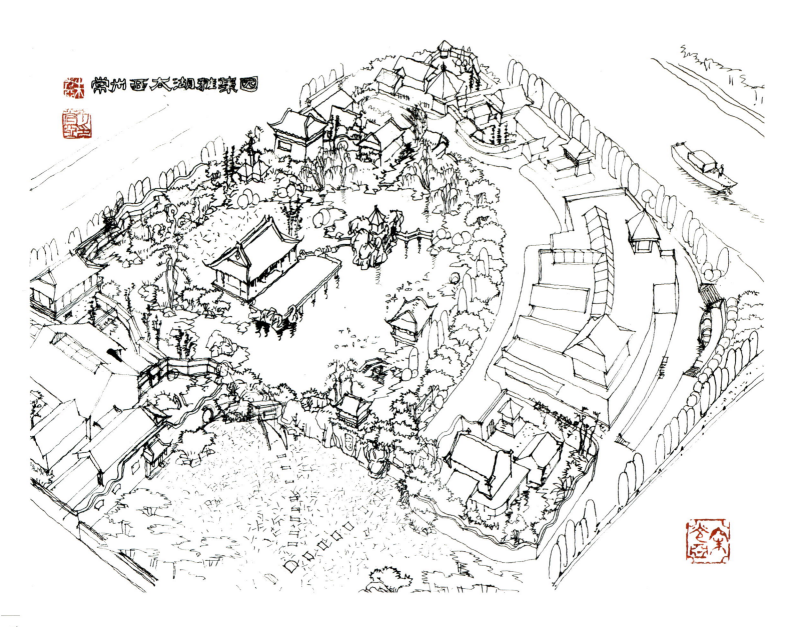

绍兴兰亭书法博物馆
Lanting Calligraphy Museum, Shaoxing, Zhejiang

项目负责人 朱光亚
参 与 人 员 杨红波 淳 庆 狄蓉蓉 罗振宁 赵 元 张本林
项 目 规 模 12 167 平方米
项 目 时 间 2010—2013 年

兰亭是第七批全国重点文物保护单位，我国著名的风景区和国家4A级旅游点，它位于浙江省绍兴市绍兴县兰亭镇的兰亭江畔，东临绍大线，西靠兰渚山。兰亭书法博物馆位于现有绍兴兰亭景区西南并与其隔兰亭江相望。基地东侧和北侧有步行道通往兰亭景区，基地南侧为规划道路，西侧地势略高。

书法博物馆设计充分分析了基地环境及兰亭的历史文化特点、城市发展状况、周边山地地形地貌，重点体现了建筑与山体的有机结合关系，弱化了建筑体量，充分尊重并延续"兰亭"这一重点文物保护区域的特点，主要设计理念可归纳如下：

体量贴切不突兀——尊重文物保护区和现状环境，淡化、隐藏建筑物主体，减少建筑对文物保护区的视觉干扰。

意古境深却新筑——延续兰亭场地精神，再现魏晋先贤所追求的山林境界，挖掘绍兴传统的建筑特征，立足绍兴独具特色的本土文化，为当代名士提供雅集之处。

兰渚山下费斟酌——设计方案经多次全方位模拟和修改调整，多次的现场斟酌及施工中的再调整，已获得有关各方的一致认同。

书法建筑两相顾——在建筑设计中表达书法艺术特点，用书法艺术特点指导建筑设计，以适应性设计策略体现书法艺术和建筑空间的碰撞和交融。

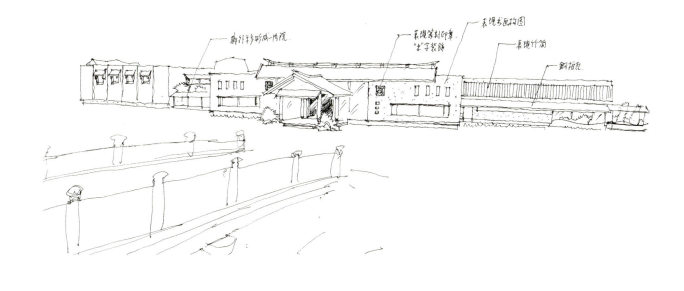

淮安中国漕运博物馆
Chinese Water Transport Museum, Huai'an, Jiangsu

项目负责人	朱光亚　俞海洋
参与人员	杨红波　顾效　淳庆　罗振宁　赵元　张云坤
项目规模	5170 平方米
项目时间	2007 年

中国漕运博物馆选址位于漕运总督府遗址公园广场内，广场为狭长的长方形平面，东西为商业步行街，南侧是大观楼遗址。

项目特点在于：1.尊重遗址本体和现存环境；2.减少对遗址区的视觉干扰；3.为市民提供更大的活动场地；4.设计中注重博物馆南北向形象在城市中的作用；5.采用古典手法再现古代衙署的意味，反映出淮安建筑文化及城市特色。

绍兴上虞曹娥景区
Cao E Scenic Area in Shangyu, Shaoxing, Zhejiang

项目负责人 朱光亚 俞海洋
参与人员 杨红波 姚舒然 雷 巍 顾 效 周思源
　　　　　　胡 江 淳 庆 罗振宁 赵 元 张云坤
项目规模 18 522平方米
项目时间 2007—2008年

2007年春，上虞市政府旅游局委托本院承担上虞新的大舜庙的设计工作。选址位于上虞市东南部下沙村南曹娥江曹娥庙西侧，原炸山采石的两个宕口后来规划为曹娥景区的一处山坡地带。在实际操作过程中问题和困难不断，除了如何使得采石留下宕口处的伤痕累累的山岩获得加固之外，还有大量的景观问题和文化定位问题需要斟酌。经过四年多的紧张而细致的工作，这些问题一一化解，终于迎来了大舜庙的祭祀盛典。

大舜庙基地有两处开山采石留下宕口，方案设计变不利为有利，处理宕口崖壁，形成了将凤鸟飞腾（或曰凤鸟展翅）的山崖治理后的大地景观艺术，并为此专门设计了表现凤鸟眼睛的一个亭子——凤来亭。

大舜庙设计方案通过一庙两制的方式容纳传统和当代的祭舜功能，因此在两个宕口的建筑体现不同的格调，下边的宕口设计大舜庙，是正式祭舜的地点，既充分表达政府祭祀活动的礼仪性、庄严性、安全性及设施的现代性，也体现一种与远古文化相联系的特质，还具备他处所无而上虞独有的个性。上边的宕口则结合环境布置成浙北地区舜庙常有的兼有戏台享堂，名字叫虞舜宗祠，为百姓的多种祭祀创造了条件，以容纳民间祭祀等酬神娱神、人神同乐的活动。

大舜庙的总体设计还体现了接天地之气、呈先祖之灵的设计理念，具体在于：1.左右二山，各自为阙；2.整体均衡，逐渐升高；3.双龙戏珠，余脉绕殿。

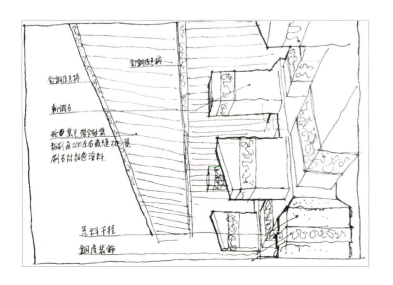

善卷洞风景区扩建
The Enlargement of Shanjuandong Scenic Area, Yixing, Jiangsu

项目负责人 李新建　唐　芃　朱光亚
参与人员 雷　巍　章泉丰　宋剑青　杨红波　乐　志　许　扬
　　　　　　张艺研　淳　庆　吴　雁　龚曾谷　吴晓枫　李　倩
项目规模 20 000平方米
项目时间 2010—2011年

宜兴市善卷洞风景区扩建工程分为前洞和后洞两大片区。前洞设计内容包括游客中心、旅游商业街、集散广场和大型生态停车场四部分，以扩大善卷洞入口区集散和旅游商业容量，同时改善入口景观。后洞部分以增加高参与性、高规格的旅游展示和表演活动场所为目标，围绕蝶湖和中心广场，配置了梁祝博物馆（全国第一个）、燕婉楼（剧场）、比翼阁（观景台）、蝴蝶仙馆（蝴蝶文化展示）和螺岩山庄（团队餐饮）等建筑。建筑布局充分利用地形，在后洞山脊上设具有爱情象征意义的比翼阁统摄全局，并巧妙利用现状宕口布置梁祝博物馆建筑和室外瀑布庭院。整体外观采用宜兴地区清代传统民居和园林风格，并在重点建筑上大胆创新，如比翼阁参考了敦煌早期建筑壁画中的天宫楼阁意象，并采用唐代建筑风格以暗示梁祝传说和善卷洞的悠久历史。博物馆在保持沿广场面的传统格调的同时，在庭院及室内以现代材料、现代形式演绎传统建筑，以满足现代博览建筑功能需求，反映时代精神。整个项目的建成，大大提升了善卷洞风景区的旅游容量和文化景观品质，彰显宜兴梁祝文化的知名度。

摄影：宜兴市规划局　吴坚

① 螺岩山庄	⑨ 灌缨亭	⑰ 仙都茶楼	㉕ 索道站
② 螺岩福地照壁	⑩ 寻丈鱼石刻	⑱ 蝶舞山魂坊	㉖ 上耶诗壁
③ 景区次入口	⑪ 蝶蝶泉	⑲ 梁祝博物院	㉗ 乐愿台
④ 渡僧桥	⑫ 比翼桥	⑳ 延辉亭	㉘ 善卷寺
⑤ 南薰桥	⑬ 蝶亭	㉑ 比翼阁	㉙ 英台书院
⑥ 天地长生广场	⑭ 青绿鱼石刻	㉒ 露天剧场	㉚ 公厕
⑦ 神鱼石刻	⑮ 蝶湖	㉓ 燕婉楼	㉛ 蝴蝶仙馆
⑧ 涌金泉	⑯ 香雨花径	㉔ 梨花院	㉜ 蝴蝶谷

梁祝博物院

燕婉楼

比翼阁

螺岩山庄

义乌凤翔阁

Fengxiang Pavillion in Yiwu, Jinhua, Zhejiang

项目负责人 朱光亚
参与人员 高 琛 唐静寅 孙 逊 方立新 夏仕洋 赵 元 罗振宁 张本林
项目规模 2100平方米
项目时间 2013—2015年

凤翔阁位于义乌江东鸡鸣山上，是城市中具有重要标识性的景观建筑，高40米。

设计以楼、桥、亭、台的组合，化整为零，弱化了建筑体量；布局组合顺应山势，层台累榭，盘旋而上，宛如栖息在山顶的凤凰，象征着"凤头"的主楼成为制高点；山顶平台以上部分采用精美的传统木构形式，玲珑而轻盈，层层出挑的斗拱配合升起的翼角，表现出凤凰腾飞的感觉。

采用传统木结构和现代钢筋混凝土结构结合的方式，解决了高层楼阁结构抗震和防火问题；山顶平台提供了天然的空中观赏位置，能够近距离观赏楼阁顶部精美的传统木构工艺。

设计以架空形式，尽可能减少对现有山体植被的破坏，形成"空中楼阁"的感觉；整合现有登山路径，结合登阁线路，丰富了观景效果的空间层次。

高淳游子阁
Youzi Pavillion in Gaochun, Nanjing, Jiangsu

项目负责人
参 与 人 员
项 目 规 模
项 目 时 间

游子楼项目位于高淳大游山山顶，是游子山国家森林公园及其周边地区重要的观景点和景观标识建筑群，高34.13米。

针对形体比例、构件比例上大与小的冲突，设计尝试借助材料，将过往形式操作中化"大"为"小"的视觉体量操作，替换为化"重"为"轻"、化"体"为"骨"等其他物体知觉特征的改变。在传统建筑的物体特征可以更抽象地被发掘和继承的假设基础上，所谓传统或许可以在更多样的结构、材料技术系统下获得再现。

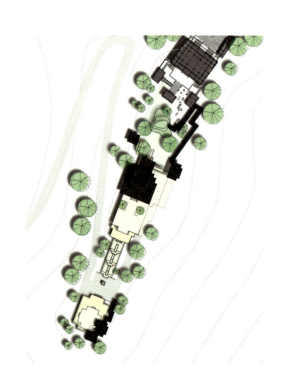

安吉东升阁
Dongsheng Pavillion in Anji, Huzhou, Zhejiang

项目负责人　朱光亚
参 与 人 员　章泉丰　唐静寅　袁晶晶　赵　元　罗振宁　张本林
项 目 规 模　3 900 平方米
项 目 时 间　2011—2013 年

东升阁位于安吉灵峰山东侧二乳峰，高约47.5米。据《灵峰寺志》载，东升阁始建于五代时期，为义璘禅师在吴越吴肃王钱镠的资助下兴建而成，旧址位于灵峰山东麓。

设计通过地理信息系统做视线分析确定选址。设计理念来源于灵峰山、寺、物，使东升阁的形式和气质与灵峰相融。环境布局上参考中国传统山水园林意境，阁立峭壁，与山林成趣。"原创性的阁"以早期古典楼阁为形象特征，以现代结构技术为支撑，创造出自下而上层层出挑伸展的形象，强化了轻盈飘浮的视觉效果，与古寺佛教清新脱俗的气氛相融合。

黄石东方山药师佛楼阁方案
The Scheme of the Medicine Buddha Pavillion in Eastern Mountain, Huangshi, Hubei

项目负责人 朱光亚
参与人员 胡 石 高 琛
项目规模 16 185 平方米
项目时间 2014—2015 年

黄石东方琉璃宝塔景区东方琉璃宝塔（大宝楼阁）项目基地位于湖北省黄石市下陆区西部东方山景区西北侧，弘化禅寺东南侧，高93米，设计以45米高的药师佛立像为中心，取传统石窟寺的意向，以楼阁建筑环绕和遮蔽佛像，正面形象来源于敦煌壁画中的佛龛和药师经变图像，以双阙左右环抱，天宫楼阁居于佛顶，形成完整构图。两侧双阙的素净墙面衬托出琉璃佛像的精美。

楼身仿石窟山体，以高台承五层楼阁，楼阁飞檐翘角，左右腾挪，营造参差变化，如天宫楼阁。顶部方形攒尖，如翼斯飞，出檐深远，将繁复的楼阁形体简洁收束，以金色刹顶连接天空。

整体楼阁形象以唐风为主，吸收楚地风格，翼角张扬，云纹重复，色彩单纯，强调传统和地域风格的统一。

南通寿圣寺
Shousheng Temple, Nantong, Jiangsu

项目负责人　张十庆　胡　石
参 与 人 员　许若菲　戴薇薇　高　琛　穆保岗　赵　元　罗振宁
项 目 规 模　11 198平方米
项 目 时 间　2014年至今

寿圣禅寺建于宋咸淳年间（1265—1274年）。明成化间（1465—1487年）修，清乾隆年间（1755年）复建，为方圆百里闻名的古刹，至1946年拆毁。历史上，寿圣禅寺承载了栟茶古镇历史与文化的诸多信息，是栟茶古镇历史的见证，也是栟茶古镇的象征与标志。

在当前传统文化保护与弘扬的背景下，寿圣禅寺的复建具有重要的意义。它将成为一种标志与象征，再现栟茶古镇繁盛的一个侧面，传承唐宋以来千年古镇的历史文化传统，并将深刻影响古镇社会文化与经济的发展。寿圣禅寺的复建，将成为古镇的一个重要地标性建筑，必将推动栟茶文化旅游业经济的发展。

主院建筑风格采用宋式的形式，东西辅院采用江苏明清建筑的形式。主院结构采用钢筋混凝土仿木形式，并结合装修的木作形式。

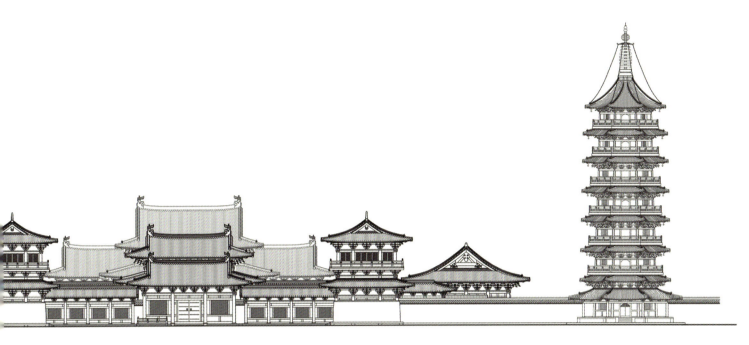

故人賞我趣
挈壺相與至
班荊坐松下
數斟已復醉
父老雜亂言
觴酌失先後

海门余东镇南城门复建
The Restruction of South Gate in Yudong Town, Haimen, Jiangsu

项目负责人 朱光亚
参与人员 孙 逊 张艺研 姚海棋 陈建刚 罗振宁
项目规模 140平方米
项目时间 2011—2012年

余东位于江苏南通海门市,南城门始建于明洪武年间,在"文革"时期被毁。根据《海门市余东镇石板街历史文化街区保护规划》要求,以及地方政府多次请专家论证决定复建南城门,此次复建设计的主要依据:1.保留一张南城门老照片及相关资料;2.保留部分地下木桩基;3.对当地传统民居进行调查,收集当地民居传统做法。设计时主要从以上内容入手,经过多次调研、论证,确定比例关系、木构做法等,最终确定方案。

文化遗产保护法规与文件编制
Cultural Heritage Treatment Laws and Documents Preparation

246 《大运河遗产保护规划》第一阶段编制要求
The First Phase of Preparation Requirement of the Grand Canal Heritage Conservation Planning

247 江苏省历史文化街区保护规划编制导则
The Gruidelines for the Preparation of Jiangsu Historic and Cultural Blocks Conservation Planning

248 芜湖古城保留建筑及新建传统风貌建筑技术要求及参考图集
The Technical Requiement and Reference Atlas of Reserved Architecture and New Traditional Stye Architecture in Wuhu Ancient City

250 南京城南历史城区传统建筑保护修缮技术图集
The Treatment Technology Atlas of Traditional Architecture in Nanjing South City Historic District

252 青果巷历史文化街区传统建筑调查研究
The Investigation of Traditional Architecture of Qingguo Lane Histiric Culture Blocks

254 常州传统民居建筑保护图则
The Protection Plan of Traditional Residential Architecture in Changzhou

文化遗产保护法规与文件编制
Cultural Heritage Treatment Laws and Documents Preparation

《大运河遗产保护规划》第一阶段编制要求

The First Phase of Preparation Requirement of the Grand Canal Heritage Conservation Planning

编制单位　中国文化遗产研究院　东南大学
项目时间　2008—2009年

大运河是传承和发展中华文明的重要载体，是全人类共同的宝贵财富。它历时悠久、分布广阔、形态多样，遗产属性和类型、遗产构成和边界、保存状况和保护条件都极为特殊而复杂，现行的文物保护单位规划编制要求不能完全满足大运河这类跨区域、跨部门、在用和遗址相结合的特殊类型的遗产保护规划编制的需求，因此有必要对大运河遗产保护规划编制的基本原则与特殊性给予充分的分析和研究，制定专门的保护规划编制要求。为规范统一大运河遗产保护规划编制工作，为大运河世界遗产申报工作提供支撑，课题将组织跨学科研究团队，在总结大运河保护及研究现有工作的基础上，比较分析相关类型和领域规划编制体系和要求，开展大运河遗产保护规划核心问题研究，形成《大运河遗产保护规划编制技术要求》，以统一和规范各级规划技术文件的内容和深度。课题最后还将以范例形式对规划编制要求进行示范应用。

江苏省历史文化街区保护规划编制导则
The Gruidelines for the Preparation of Jiangsu Historic and Cultural Blocks Conservation Planning

编制单位 江苏省住房和城乡建设厅 东南大学
项目时间 2008 年

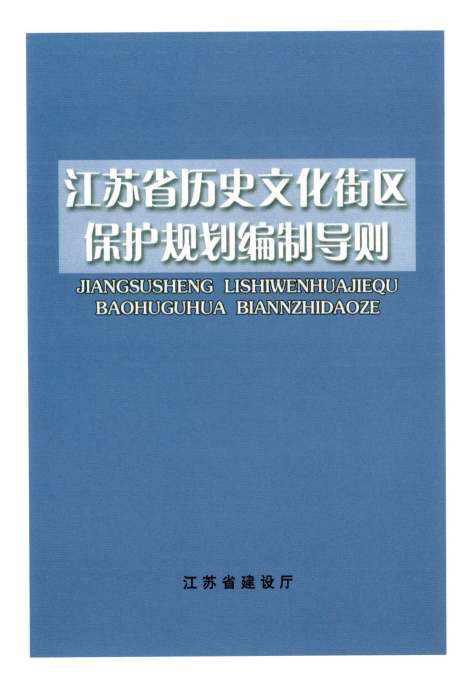

芜湖古城保留建筑及新建传统风貌建筑技术要求及参考图集

The Technical Requiement and Reference Atlas of Reserved Architecture and New Traditional Stye Architecture in Wuhu Ancient City

参与人员 胡　石　宋剑青　奚江月　顾　效
　　　　　高　琛　许若菲　戴薇薇　唐静寅

* 图集中所需测绘图部分由芜湖市古城项目建设领导小组办公室作为基础资料提供，另一部分为遗产所带领东南大学建筑学院 2009 级学生测绘课程所做。

项目时间 2015 年

芜湖古城项目自2012年启动以来，为更好地保护芜湖古城风貌，保存芜湖古城的历史特色和真实价值，规范芜湖古城中保留建筑的保护修缮，规范古城中的传统风貌与新建建筑的建设行为，满足芜湖古城保护建设工作的实际需求，制定此技术要求，并给出了参考图集。

成果分为技术要求与参考图集两部分：根据现有历史建筑保护修缮相关技术规范和施工验收要求，对芜湖古城的保留建筑修缮和传统风貌建筑新建提出分部分项的技术要求和规程，明确其重要材料、构造及施工要求，为古城保留建筑修缮及新建传统风貌建筑效果能够达到足够的品质提供技术支撑；通过对古城现有建筑的调查和资料收集，以图集的方式提供古城传统建筑分项的典型做法资料，作为下一步建筑设计和施工的参考资料，也作为政府管理的基础资料平台。

目录

一、芜湖古城传统建筑特征要素构成及典型案例图示
　商铺：南正街 12 号 …… 4
　民居：儒林街 18 号 …… 5

二、芜湖古城传统建筑特征做法
2.1 平面格局
　院落——标准单元 …… 8
　院落——廊与厢房 …… 11
　院落——石库门 …… 12
　基本组织形式——层数 …… 13
　基本组织形式——开间 …… 14
　尺度——开间与进深 …… 15
　尺度——院落 …… 16
　典型布局与尺度 …… 17

2.2 结构体系
　剖面格局 …… 19
　剖面构架的分类 …… 29
　对称构架 …… 30
　不对称构架 …… 31
　三界、四界构架 …… 32
　六界构架 …… 33
　八界构架 …… 34
　多界构架 …… 35
　双坡构架 …… 36
　单坡构架 …… 37
　近代屋架 …… 38
　正贴与边贴 …… 41
　提栈做法 …… 42
　背屏 …… 43
　出檐 …… 44

2.3 界面特征
　建筑层数 …… 47
　屋顶形式 …… 48
　沿街面——民居 …… 49
　沿街面——商铺 …… 51
　山墙面 …… 52
　沿街面——近代式样 …… 53
　院落界面——厅堂面 …… 54
　院落界面——厢房面 …… 55
　檐口高度 …… 56

2.4 细部分析
　入口处理 …… 58
　墙体砌筑 …… 60
　墙体·界石 …… 64
　门的分类 …… 65
　墙门砌筑 …… 66
　门与门罩 …… 67
　窗的分类 …… 68
　栏杆 …… 72
　地面铺装 …… 74
　挂落 …… 75
　斜撑梁头 …… 76

三、芜湖古城保留建筑修缮与核心区复建控制要求 …… 77

四、相关附图
　芜湖古城城区区位 …… 83
　调研点分布 …… 84

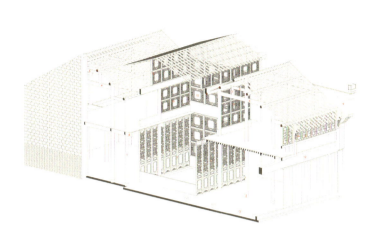
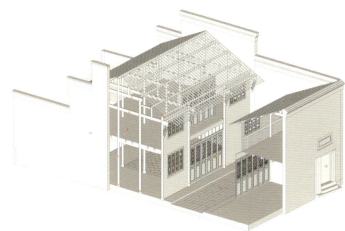

结构体系 剖面架构的分类

剖面架构有三种分类模式：
一 从对称性上分为对称架构与不对称架构

芜湖古城区域中传统建筑剖面构架类型丰富，按不同分类标准有不同的适应范围。

对称格局
大多数房屋为对称格局。

二三长短坡
多用于门屋，厅堂有时会因为内院檐口高度或门扇位置等因素需要长短坡而采用不对称构架。

三四长短坡

二 从架构界数上分为三界、四界、五界、六界乃至多界

四界格局
使用于门屋、连廊等进深较小的空间。

六界格局
六界是芜湖所见最常见的主要格局，多用于一般等级厅堂。

八界格局
也较为常见，多见于进深较大的厅堂中。

三 从屋顶形式上分为单坡架构和双坡架构

单坡架构
进深较小的辅助功能房屋有时会使用单坡屋面，如门屋、连廊、厢房等。

双坡架构
大多数房屋为双坡。

平面格局 院落 — 标准单元

A. "一"形 **B. "L"形** **C. "凹"形**

芜湖古城区域以多进院落为主要组织形式，多以"前厅+廊"形成的合院为基本单元。

基本单元的形式以"凹""回""二"形居多，其余占少数。

D. "二"形 **E. "匡"形** **F. "回"形**

界面特征 山墙面

段谦厚堂

公署路66号

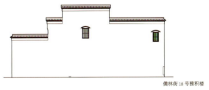
儒林街18号雅积楼

芜湖传统民居山墙多突出硬山屋面，形式多为风火山墙或人字形山墙。形式较简单，以单峰三峰山墙为主，少见五峰山墙，有时会使用风火山墙与硬山结合的形式，高低错落有致。
近代以后，出现了受西方方式样影响的山墙形式，如圆与方形的组合形态。

细部分析 其他细部分析

斜撑

大额两端常常装饰雕花，纹样以华草纹样为多。

梁头雕饰

斜撑
受咸丰之乱影响，大额两端的斜撑体现出湖南地区的风格。

梁头雕饰
芜湖古城区域内建筑中，二楼楼板悬挑处与出槽梁头常使用斜撑，或以简单的单木支撑，或施以雕花。

段谦厚堂

街署前门

南京城南历史城区传统建筑保护修缮技术图集
The Treatment Technology Atlas of Traditional Architecture in Nanjing South City Historic District

参与人员　胡　石　戴薇薇
项目时间　2013 年

南京老城南历史城区是《南京历史文化名城保护规划》（2010年）确定的三片历史城区之一，其北起建邺路—白下路[秦淮河中支（运渎）]、东西至外秦淮河、南至应天大街的老城南地区，占地约7.29平方公里，其中包括中华门东地区、中华门西地区、夫子庙、南捕厅地区及内秦淮河、升州路、中华路沿线等主要历史地段。时代变迁，文化积淀，现存传统建筑众多，代表了城南历史城区传统民居为主的建筑特色。本图集以城南现存明清建筑为线索，以木结构为主题，以民居单体为主要调查对象，以实测工作为基础，分类梳理、总结城南传统建筑特征要素，按平面布局、结构体系、界面、细部形成要素图样。

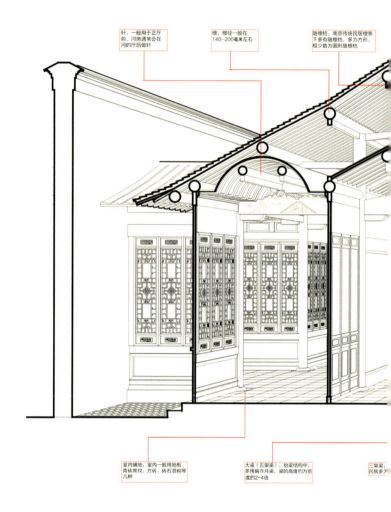

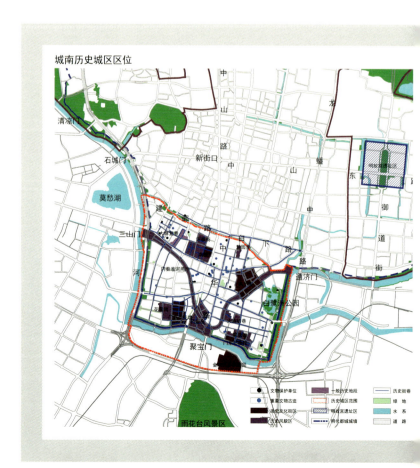

城南传统建筑特征要素构成
——以胡家花园铭泽堂为例

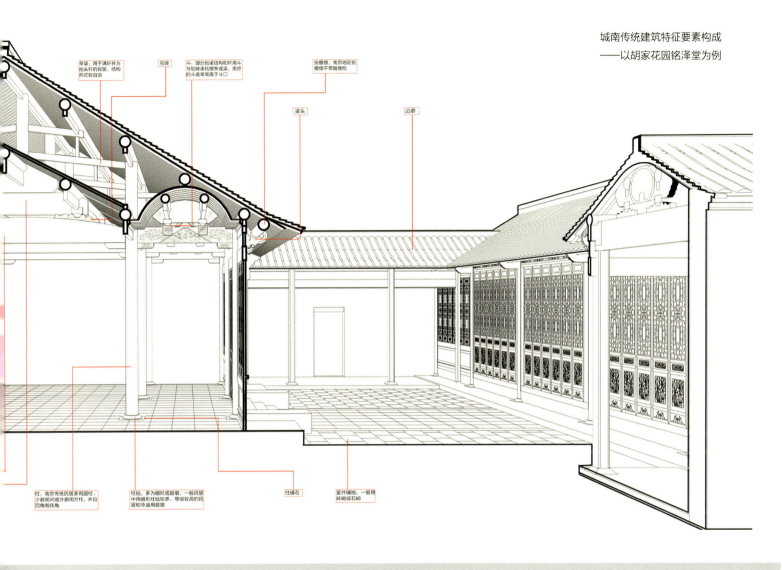

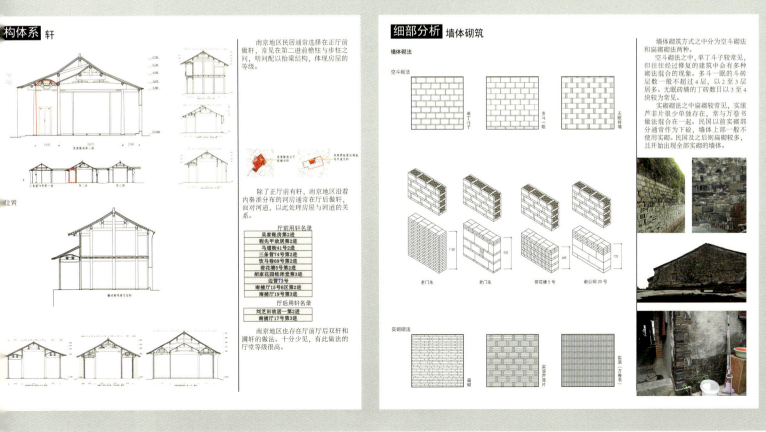

青果巷历史文化街区传统建筑调查研究
The Investigation of Traditional Architecture of Qingguo Lane Histiric Culture Blocks

参与人员 胡 石 顾 效 高 琛 邓 峰 戴薇薇 唐静寅
项目时间 2013—2014 年

常州青果巷历史文化街区以青果巷东段为主，街区面积约为8.3公顷。街区范围内普查文物点共58处，62个点，其中国保单位1处，省级文保单位8处，市级文保单位3处，历史建筑10处。本图则为了更具备可操作性、可普及教育性地保护、修缮的该地区传统建筑，延续地方建筑特色与风貌而制定。图则制定结合相关修缮地块方案研究成果以及现场实测数据，以具体院落、建筑单体构成为对象，总结青果巷历史文化建筑内传统建筑的典型特征做法，主要包括平面布局、结构体系、大木构造、小木作、砖石细部等方面，进而形成青果巷传统建筑的典型作法图解。

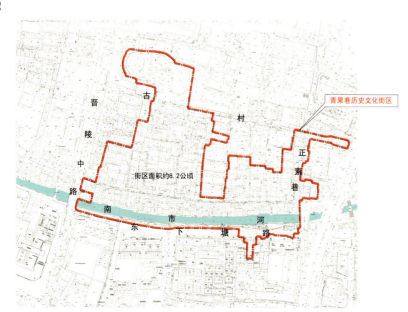

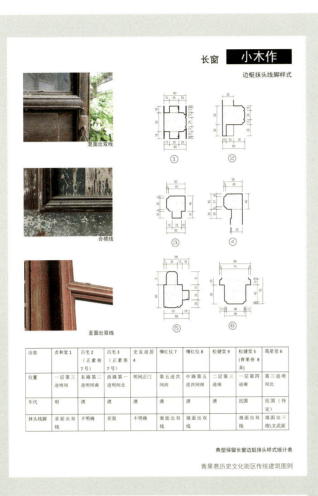
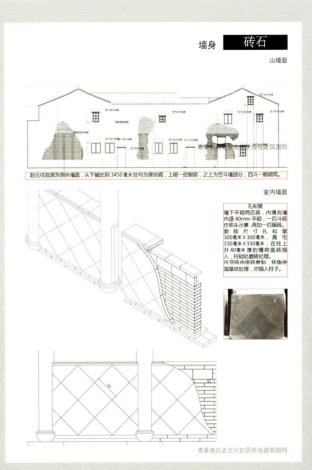
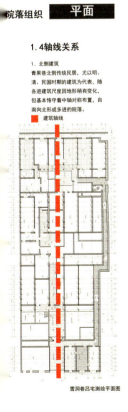
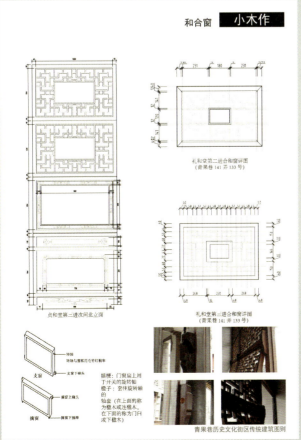
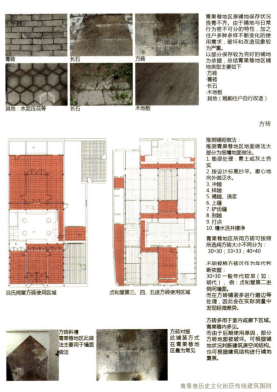

常州传统民居建筑保护图则

The Protection Plan of Traditional Residential Architecture in Changzhou

参与人员　胡　石　许若菲
项目时间　2008—2009年

常州市是江苏省历史文化名城，新世纪中，保护与发展的矛盾甚为突出，历史街区保护问题尖锐。2008年常州市公布了第一批历史建筑名单，并公布了《常州市市区历史文化名城名镇名村保护实施办法》。依据此办法，为了保护常州古城风貌，规范对传统民居建筑的管理与保护工作，特制定此图则。常州传统民居建筑保护图则及典型案例，结合对现有历史建筑的调查，整理常州传统民居建筑的主要营造特点与传统作法，作为历史建筑修缮技术导则的图示补充，为指导常州市市区历史建筑及历史文化街区内传统建筑提供参考依据。同时，结合青果巷保护规划，以公布的第一批历史建筑吕宅为典型案例，通过现场一手的测绘、调查及保护修缮措施梳理，结合前述导则及图则，制定初步保护修缮方案。

砖石雕饰

平面尺度·开间与进深尺度

根据现有历史建筑调查

开间尺度：
明间开间约 3—4米，开间不宜过大
次间开间约 2.4—3.2米
次间约为明间尺寸的 0.7—1.0倍
常见的约为 0.8 倍

进深尺度：
正厅多为6椽，椽平长约 0.9—1.2米
常州地区民宅整体多呈长条形
门厅、过厅、正厅等进深尺度接近

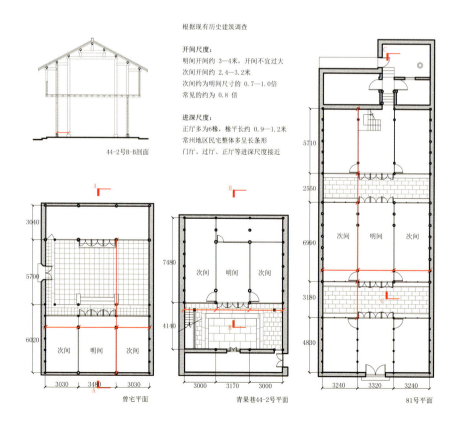

造型·外观风貌

墙垣·砌法

乱砖　　单丁斗子　　花滚

扁砌　　人合欢

实滚芦菲片　　空斗镶思　　实扁镶思

· 外墙砖的砌体多为空斗做法，部分是乱砖砌法。

· 其中，空斗做法中可以见到法原中的大合欢、空斗镶思、单丁斗子、实扁镶思、实滚芦菲片、扁砌等做法。

常州历史建筑（传统民居）保护修缮图则·屋面、墙垣、楼地面

常州地区古民居建筑外观特点：
· 屋顶高低错落，主次分明，使建筑群轮廓组合有致，体型生动明确。
· 配合屏风墙极具地方特色的独特处理，外观风貌丰富而统一。

门窗装饰·典型窗式样

近代式样（44-2号）　　宫式（81号）

宫式（东下塘76号）　　宫式（何宅）

葵式（曾宅）　　未知式样（正素巷7号）

《营造法式》原长窗式样

常州民居长窗式样

常州历史建筑（传统民居）保护修缮图则·装饰装修

255

图书在版编目（CIP）数据

东南大学建筑设计研究院有限公司50周年庆作品选.遗产·文化：2005～2015 / 东南大学建筑设计研究院有限公司著. -- 南京：东南大学出版社，2015.12
　ISBN 978-7-5641-6182-8

Ⅰ. ①东… Ⅱ. ①东… Ⅲ. ①建筑设计－作品集－中国－现代②建筑－文化遗产－保护－中国－图集 Ⅳ. ①TU206②TU-87

中国版本图书馆CIP数据核字（2015）第294982号

书　　名	东南大学建筑设计研究院有限公司50周年庆作品选 遗产·文化（2005—2015）
责任编辑	戴　丽　魏晓平
书籍装帧	皮志伟
责任印制	张文礼
出版发行	东南大学出版社
社　　址	南京市四牌楼2号（邮编：210096）
出 版 人	江建中
网　　址	http://www.seupress.com
印　　刷	上海雅昌艺术印刷有限公司
开　　本	787mm×1092mm　1/8
印　　张	32
字　　数	478千字
版　　次	2015年12月第1版
印　　次	2015年12月第1次印刷
书　　号	ISBN 978-7-5641-6182-8
定　　价	350.00元
经　　销	全国各地新华书店

＊版权所有，侵权必究
＊本社图书若有印装质量问题，请直接与读者服务部联系。电话（传真）：025-83791830